JN029156

Familiar Digital Information Theory

[改訂2版]

わかりやすい
ディジタル情報
理論

塩野 充・蜷川 繁●共著

```
          1
        10101
       11100001
      11111000101
     110110000001
     110000000111
      0101001010
       01011010 11
       10101 00011
          1100011
           111
```

Ohmsha

—— ぜひ読んでください ——

　本を買っても「まえがき」はあまり読まない人が多いようです．それは退屈な建て前を堅苦しい言葉で書いてあるだけで，読んでもほとんど意味がない場合が多いからでしょう．でも本書の「まえがき」は少しはその手の「まえがき」から脱皮すべく書いていますので，我慢して読んでください．

　近年，「情報理論」を講義科目に加える大学等が増えつつあります．電気，電子，通信，情報系などの専門学科はもとより，それ以外の学部学科でも一般教育科目として情報理論を課するところが多くなっています．これからの高度な情報化社会においては，どのような職業でどのような仕事をするにせよ，情報理論的な思考方法，情報理論的なセンスが必要とされる場面が多くなってきたからではないかと思います．

　情報理論を支えているのは多くの基礎的な学問なのですが，その一つに，数学の確率統計があります．確率統計というと難しく無味乾燥なイメージで，しいていえばサイコロ博打や競輪競馬などのギャンブルを題材にした例題が頭に浮かぶくらいで，ギャンブルに興味のない人の実生活ではほとんど身近に感じる機会はないと思います．

　しかしこれが情報理論となると，かなり違ってきます．現在，我々は身の回りをたくさんのディジタル機器に囲まれて生活しています．これはなにもパソコンを駆使し，インターネットを日常的に使い，ディジタルカメラ（通称デジカメ）をいつも携帯しているようなマニアックな人だけではありません．パソコンなど全然わからないし，触ったこともありませんというような人でも同じことなのです．例えば，電話を使って友人知人と話をするときや，CD で音楽を聞くときにも情報理論のお世話になっています．ディジタル電話が普及してきた昨今は電話システムそのものが情報理論のかたまりといっても過言ではないし，CD は情報理論を使ってディジタル信号の誤り訂正を行っているから，昔のレコードと違って，少しくらい傷が付いてもガリガリと雑音が入らないようになっているのです．

　情報理論を学ぶにはまずわかりやすい教科書が必要です．しかしながら，これまで書店に並んでいる情報理論の本を探してみても，かなり専門的で難解なものが多く，専門外の学生がとっつきやすいものはなかなかありませんでした．わかりやすく書いてある本であってもあまりに入門的すぎて，数式がほとんど出てこない軽い読み物的な本だったりします．いくら何でもこれでは講義の教科書として使えません．本書は岡山理科大学工学部 2 年次および岡山大学理学部 1 年次の学生への講義における著者の講義ノートを基にして，大学低学年や高専等における講義の教科書として十分に使えるレベルで，

かつ，文系も含めて専門外の学生にも難解でなく，わかりやすいことを目標にして書いた教科書です．したがってあまり数学的厳密さにはこだわっていません．

　実を言うと筆者は情報理論が専門ではなく，パターン認識や画像処理という分野が専門です．専門家ではないから，かえって初心者と同じ目線で見ることができ，わかりやすくやさしく書くことができたのではないかと自負しています．講義教科書としてはもちろん，独学で情報理論を学ぼうとする方も対象に執筆しており，各章の章末問題はもとより，巻末には演習問題 80 選として問題をたくさん収録しました．書名を「ディジタル情報理論」としたのは，通常の情報理論の本には載せてある連続量（アナログ）の章を省略してあるからです．連続量の話となるとどうしても積分記号がたくさん出てくるので，難解な内容になってしまうこと，初心者にはさほど必要と思えないことが理由です．また符号化のハードウェアの回路に関する話も割愛しました．

　ところで本書は一つの試みとして，従来この種の専門書で常識であった「である調」をやめ「ですます調」で記述しています．語り口をソフトにして読者がとっつきやすくするため，記述が堅苦しく難解に走ってしまうのを抑止するのがねらいです．もう一つの特徴は，6 章にあるように暗号と情報セキュリティ技術にウェイトを置いていることです．従来の情報理論の教科書では暗号技術については全く触れていないか，あっても最後にほんの少しというのがほとんどでした．しかしインターネットを中心とする近年のネットワーク時代において，暗号技術は電子メールを保護する“電子封筒”ともいえる存在で，企業秘密やプライバシーを守る情報セキュリティに必要不可欠なものとして大きくクローズアップされています．また最後の 6-6 節では，近年注目されつつある電子透かし技術をはじめとする秘密情報の画像への埋込みについて紹介しています．このような情報セキュリティに関する諸々の技術は，広い意味の情報理論の応用として今後ますます発達していくものと思われます．

　また，囲み記事の「談話室」は単なる息抜きや埋め草に終わらずに，読んで役に立つ記事，知識が豊富になる記事を載せたつもりです．索引もできるだけ細かく収録し英文項目も設けて，調べたい言葉にすぐアクセスできるように配慮し使いやすくしました．

　本書は細心の注意を払って執筆したつもりですが，筆者の浅学非才に起因するミスが皆無とは言い切れません．読者諸賢のお役に立てば幸甚です．最後になりましたが出版に当たりお世話になりました（株）オーム社の関係各位に厚くお礼申し上げます．

1998 年 3 月

塩野　充

改訂2版の まえがき

「情報」に対しては，さまざまな操作が可能です．例えば，情報をつくり出したり，加工したり，消去することはできますが，最も重要な操作は「情報を伝える」ことではないでしょうか．そして，「情報を伝える」＝「情報の伝達」に関する基礎的な理論が情報理論です．

基礎理論の多くがそうであるように，情報理論は私たちに技術的な限界を教えてくれます．具体的には，情報を符号化し，伝達する際の限界（シャノンの第1および第2基本定理）です．技術を扱う人にとって自分が使っている技術の限界を知るということは，とても重要なことだと思います．

情報理論を学ぶための教科書は数多く出版されていますが，本書はそのわかりやすさから好評をもって迎えられました．しかし，出版から20年以上を経てアップデートが必要となり，改訂2版の出版へと至りました．初版からの変更点として5-2節「高効率の符号化」にLZ符号化法を追加し，6-6節の内容を，「画像への情報埋込み技術」にかわって，近年利用が増えている「ハッシュ関数」へと変更しました．

さらに，この20年間に起きたさまざまな進展（例えば，LDPC符号，ターボ符号，AES暗号，楕円曲線暗号，格子暗号，量子暗号，ハッシュ関数"SHA1"での衝突の発見，暗号通貨など）について言及しました．一方，初版の付録にあった常用対数表を削除しました．

本書は情報理論だけでなく，符号理論および暗号理論も扱います．通信路に雑音がある場合，および盗聴者がいる場合に，どのように符号化すればよいのかを教えてくれるのが，それぞれ符号理論および暗号理論です．したがって，どちらも情報理論と深い関連があるといえます．なお，本書は古典的な情報理論に限定しており，近年進展をみせている量子情報理論は扱っていません．興味のある読者は参考文献を参照してください．

最後に執筆の機会を与えていただいただけでなく，出版に際しご尽力をいただいた（株）オーム社には心より感謝申し上げます．

2021年5月

蜷川　繁

談話室

▌使用記号一覧

例えば，Cのように，異なる章で別の意味に用いている場合もありますので，注意してください．
i，j，k，m，n，A，B，Cなどはその場に応じて適宜，変数名などに使用しています．

H	:	エントロピー
$\mathcal{H}(\ )$	:	エントロピー関数
I	:	相互情報量，伝送情報量
$P(\ )$，$Pr(\ )$，p	:	確率
X	:	確率変数
x	:	確率変数値
E_i	:	事象
$E(\ )$	:	期待値
R	:	情報伝送速度（情報伝送率）
γ	:	冗長度（$0 \leqq \gamma \leqq 1$）
L	:	平均符号語長
$\lceil\ \rceil$	:	天井関数
w	:	符号語
n	:	符号語長
k	:	符号語長の中の情報ビット数
$n-k$	:	符号語長の中の検査ビット数
p	:	巡回符号の多項式の周期
e	:	符号化効率（$0 \leqq e \leqq 1$）
$d(\ )$	:	ハミング距離
S	:	情報源記号集合
s_i	:	情報源記号
M	:	情報源記号数
ρ	:	情報速度
G	:	生成行列
H	:	パリティー検査行列
$G(x)$	:	生成多項式
C	:	記号単位の通信路容量
C'	:	時間単位の通信路容量
r	:	r元符号（一般的には$r=2$の2元符号）
p	:	2元情報源の片方の生起確率（もう一方は$1-p$）
ε	:	雑音のある通信路の誤り率（$0 \leqq \varepsilon < 1/2$）
u	:	消失通信路の判定不能率（$0 \leqq u \leqq 1$）
k	:	鍵番号
E_k	:	暗号化関数
D_k	:	復号関数
P	:	平文
C	:	暗号文

1 2進数の基礎

　情報の最も基礎となるのは1ビットの情報です．つまり，0か1かということです．これを表すのが2進数です．電気的な表現をすれば，電気のスイッチがONになっている状態を1とすれば，OFFになっている状態を0とすればよいのです．電灯でいえば，ついている状態が1，消えている状態が0と考えればよいのです．もちろん，逆でもかまいません．2進数の1桁のことを1ビットといいます．1ビットは0か1のいずれかで，これ以外の状態はないのです．考えてみると，世の中の重要な情報はたった1ビットで表される場合が多いのです．例えば，

・赤ん坊が生まれたとき → 女の子(1)か男の子(0)か
・試験を受けたとき → 合格(1)か，不合格(0)か
・相撲やゲームなどの勝負をしたとき → 勝ち(1)か，負け(0)か
・プロポーズしたとき → OK(1)か，肘鉄(0)か
・選挙のとき → 当選(1)か，落選(0)か
・コイン投げ → オモテ(1)か，ウラ(0)か

　このほか，いくらでも例は考えられます．このようにすべての情報の基礎となる2進数について勉強します．情報理論の本でなぜ2進数から始めるかという感をもたれるかもしれませんが，後半の通信理論や符号化のところでは，一般的には r 元符号 ($r \geqq 2$) で議論していても，実際には0と1の2元符号が使われるので，2進数の知識に精通しておく必要があると思われるからです．なお，本章は情報理論のまったくの入口なので，このような知識がすでにある人は，読み飛ばして次章に進んで差し支えありません．

1-1　自然2進数

　われわれが日常使っている数字は **10進数** です．10進数では0から9までの10種類の数字を使ってすべての数を表します．これに対して，2進数では0と1だけを使ってすべての数を表します〔なお，ついでにいっておくと，一般に n 進

数〔$n \geqq 2$〕では，0から$n-1$までのn種類の数字を使ってすべての数を表します〕．**表1-1**に例として5桁，つまり5ビットの2進数を示します．

表 1-1　5 桁の自然 2 進数

重み 10進数	2^4 (16)	2^3 (8)	2^2 (4)	2^1 (2)	2^0 (1)	重み 10進数	2^4 (16)	2^3 (8)	2^2 (4)	2^1 (2)	2^0 (1)
0	0	0	0	0	0	16	1	0	0	0	0
1	0	0	0	0	1	17	1	0	0	0	1
2	0	0	0	1	0	18	1	0	0	1	0
3	0	0	0	1	1	19	1	0	0	1	1
4	0	0	1	0	0	20	1	0	1	0	0
5	0	0	1	0	1	21	1	0	1	0	1
6	0	0	1	1	0	22	1	0	1	1	0
7	0	0	1	1	1	23	1	0	1	1	1
8	0	1	0	0	0	24	1	1	0	0	0
9	0	1	0	0	1	25	1	1	0	0	1
10	0	1	0	1	0	26	1	1	0	1	0
11	0	1	0	1	1	27	1	1	0	1	1
12	0	1	1	0	0	28	1	1	1	0	0
13	0	1	1	0	1	29	1	1	1	0	1
14	0	1	1	1	0	30	1	1	1	1	0
15	0	1	1	1	1	31	1	1	1	1	1

　2進数でもふつうの10進数と同じように一番右が最下位の桁で，左へ行くほど上位の桁となります．最下位の桁は$2^0(=1)$，その左は$2^1(=2)$，そして順に$2^2(=4)$，$2^3(=8)$，$2^4(=16)$という重みを表しています．5ビットのうちの1になっている桁にこの重みを掛けて，5桁の重みを合計すれば10進数に変換されます．

　例えば，01101は

　　　$0 + 8 + 4 + 0 + 1$

ですから，合計して10進数の13となります．表1-1は複雑そうに見えるかもし

れませんが，誰でも何も見ないで簡単につくることができます．まず，右端の最下位の桁は0，1，0，1，0，1，0，1，…というふうに，0と1が縦方向に交互に現れています．次の桁は0，0，1，1，0，0，1，1，…というふうに，00と11が2個並びで縦方向に交互に現れています．次の桁は0，0，0，0，1，1，1，1，…というふうに，0000と1111が4個並びで縦方向に交互に現れています．さらに左端の桁は0，0，0，0，0，0，0，0，1，1，1，1，1，1，1，1，…というふうに，00000000と11111111が8個並びで縦方向に交互に現れています．さらに上位桁に続くときは16個並び，32個並びでというふうに，連続する0や1の数が増えていくだけです．

　一般にある数を表記したとき，それが何進数であるかを明確に示すために，全体を小かっこで包んで，右下に何進数であるかを書く場合があります．例えば2進数の1110は，このままでは10進数の「千百十」と区別がつきません．そこで

$$(1110)_2$$

と書けば，これは2進数の1110であることを明確に示せます．10進数の場合は

$$(1110)_{10}$$

と書けばよいのです．**8進数**や**16進数**の場合は

$$(1110)_8,\ (1110)_{16}$$

と書きます．16の代わりにHと書く場合もあります．これは16進数の英語であるhexadecimal digitの頭文字です．

　表1-1は5ビットの2進数を示しましたが，もちろんこれは単なる例で，もっと多くの桁の2進数でもよいのです．5ビットの2進数で表せる数は

　　　00000（これは10進数の0）から

　　　11111（これは10進数の31）まで

の，0から最大31までです．

　もっと大きな数を2進数で表すにはビット数を増やさねばなりません．一般にnビットで表せる数は

　　　0から，$2^n - 1$まで

となります．例えば

　　　3ビットの場合 → 0から，$2^3 - 1 = 7$まで

　　　4ビットの場合 → 0から，$2^4 - 1 = 15$まで

　　　5ビットの場合 → 0から，$2^5 - 1 = 31$まで

となります．このように n ビットの2進数で，0から，$2^n - 1$ までの数を表現する方法を**自然2進数**，または単に**2進数**といいます．自然2進数は基本的でわかりやすいのですが，桁数が多くなってくると煩雑になってくることがあります．そこで，自然2進数のほかにいろいろな2進数の表現方法がありますが，それらについて以下で説明します．なお，自然2進数にはマイナスの数を表現するために**補数**という概念を使って，一番左のビットが1のときはマイナスを表す，というような手法があります．本書では紙数の都合もあってそこまでの説明は省略します．興味のある人はコンピュータのハードウェア関係の入門書（例えば巻末の文献［32］など）に載っていますので，そちらを読んでください．

談話室

2のべき乗の数について，暗記のススメ

2のべき乗の数はコンピュータ関係でよく使われるので，コンピュータに携わる仕事の人はたいてい暗記しています．ここにその一般的な語呂合わせを示しておきます．2のべき乗の数は，コンピュータのメモリのバイト量や画像の縦横の大きさを表すときなどによく用いられます．

$2^0 = 1$	イチ	$2^6 = 64$	ロクヨン
$2^1 = 2$	ニー	$2^7 = 128$	イチニッパ
$2^2 = 4$	ヨン	$2^8 = 256$	ニゴロ
$2^3 = 8$	パー	$2^9 = 512$	ゴイチニ
$2^4 = 16$	イチロク	$2^{10} = 1024$	イチマルニーヨン
$2^5 = 32$	ザンニ	$2^{11} = 2048$	ニーマルヨンパー

1-2 　各種の2進数表現

自然2進数のほかにいろいろな2進数の表現形式がつくられています．ここでは基本的なものを紹介しましょう．2進数で単に0から9までの10進数の数字だけを表すものだけでなく，数字も含めた形で文字全体を表す文字コードについても説明します．

■1 2 進化 10 進数

0 から 9 までの 1 桁の 10 進数 1 個を 4 ビットの 2 進数で表して，それを並べたものが **2 進化 10 進数**（BCD，Binary Coded Decimals）です．種々の形式がありますが，**表 1-2** に主な形式を示します．

表 1-2　種々の 2 進化 10 進数

10 進数	4 ビット			5 ビット
	8-4-2-1 符号 （2 進符号）	3 余り符号	グレイ符号	1-2-4-7 符号
0	0 0 0 0	0 0 1 1	0 0 0 0	0 0 0 0 0
1	0 0 0 1	0 1 0 0	0 0 0 1	1 1 0 0 0
2	0 0 1 0	0 1 0 1	0 0 1 1	1 0 1 0 0
3	0 0 1 1	0 1 1 0	0 0 1 0	0 1 1 0 0
4	0 1 0 0	0 1 1 1	0 1 1 0	1 0 0 1 0
5	0 1 0 1	1 0 0 0	0 1 1 1	0 1 0 1 0
6	0 1 1 0	1 0 0 1	0 1 0 1	0 0 1 1 0
7	0 1 1 1	1 0 1 0	0 1 0 0	1 0 0 0 1
8	1 0 0 0	1 0 1 1	1 1 0 0	0 1 0 0 1
9	1 0 0 1	1 1 0 0	1 1 0 1	0 0 1 0 1

（1）8-4-2-1 符号（2 進符号）

最も一般的な BCD で，4 ビットの自然 2 進数をそのまま使った形です．例えば

$$(123)_{10}$$

すなわち 10 進数の 123 は，BCD で表すと

$$(\underbrace{0001}_{1}\ \underbrace{0010}_{2}\ \underbrace{0011}_{3})_2$$

となります．

また，例えば $(7615)_{10}$ は

$$(0111\ 0110\ 0001\ 0101)_2$$

となります．ここでは見やすいように 4 桁区切りで空白を入れていますが，実際

には空白なしに続けて書きます．BCD には最も一般的なこの 8-4-2-1 符号のほかに次のようなバリエーションがあります．しかし，一般的には単に BCD といえばこの 8-4-2-1 符号を指す場合が多いようです．

（2）**3余り符号**（**3増し符号**, excess-three code）

前述の 8-4-2-1 符号を 3 だけずらせた符号です．この符号の特徴は論理回路で 10 進数の加算器を設計する際に，この符号を用いると桁上げが非常に簡単に実現できるということです[20]．このほか，類似の符号として **6余り符号**その他もありますが，いずれもハードウェアの演算回路における桁上げの簡単化を目的とした例です．

（3）**グレイ符号**（Gray code）

隣り合う符号が 1 か所しか違わないという特徴をもっており，**交番2進符号**とも呼ばれます．この符号は，機械的な回転軸の位置を直接ディジタル化するコードホイールと呼ばれる装置において，回転軸がどこで止まっても不確実さのない安定した符号化が行えるように考案されたものです[20]．

（4）**1-2-4-7符号**

この符号は 5 ビットです．0 からのハミング距離（簡単にいえば一致していない桁数で，詳しくは 5-3 節**3**を参照）がすべて 2 となるようにつくられています．そして，左から 0, 1, 2, 4, 7 の重みが付いています．5 ビットのうちの 2 桁しか 1 が出てこないことが決まっているので，誤りが検出しやすい符号です．**5者択2符号**（2 out of 5 code）とも呼ばれます．

2 文字コード

（1）**EBCDIC**（Extended BCD Interchange Code）

コンピュータではいうまでもなく，0 から 9 までの数字だけが表せればよいというわけではなく，アルファベットや記号など，各種の文字も表す必要があります．コンピュータの中では文字をそのまま表すのではなく，文字に背番号のような番号を付けておいて，何番の背番号はなんという文字を表すというふうにして使います．この背番号のことを**文字コード**（character code）といいます．0 から 9 までの数字も文字の一種と考えれば，前述の BCD では 1 桁が 4 ビットなので，一つの桁で表せる文字コードの種類は，$2^4 = 16$ 種類しかありません．これでは 0〜9 の数字以外には六つの文字コードしか残りません．たくさんの文字を表す

ためには1桁の文字に対してもっと多くのビット数が必要です．これを8ビットにしたものがEBCDIC（エビシディック）です．8ビットを使うと，生成できる文字コードの種類は$2^8 = 256$種類となります．文字の種類は

・数字0〜9　　　　合計10種類
・大文字A〜Z　　　合計26種類
・小文字a〜z　　　合計26種類
・記号 +, −, *, /, =, %, (,), 空白ほか　数十種類

これら全部を合わせても256種類に及びませんので十分です．

　EBCDICは最初にIBMの大型コンピュータで採用されてから，ほとんどの大型コンピュータで使われるようになりました．日本ではこれにカタカナ（ア〜ンの46種類に，キャットのャ，ッなどの小文字（拗音，促音）と，濁点半濁点などを入れた70種類余り）を追加して，独自にEBCDIC＋カタカナのEBCDIK（最後のKはカナを意味するK）というコードをつくりました．なお，英数字とカタカナを合わせてANK（アンク）文字と呼ぶことがあります．これは，英字（Alphabet），数字（Numerals），カタカナ（Kana）の頭文字をとった名前です．

　（2）ASCII（アスキーコード）（American Standard Code for Information Interchange）

　これは7ビットを使って，$2^7 = 128$種類の文字コードを生成し，数字，英字，記号を表すコードです．主にパソコンで使われています．アスキーコードはほぼ同じ形で7ビットISO（International Organization for Standardization，国際標準化機構）コード，7ビットJIS（Japanese Industrial Standards，日本産業規格）コードとして用いられます．これを8ビットにしてカタカナも表せるようにしたものが8ビットJISコードです．

　（3）2バイト文字コード

　日本語で使う漢字，ひらがな，カタカナなどをコンピュータで扱うにはそれぞれの文字に文字コードを割り当てねばなりません．これらの種類は

　① 漢　字　JIS第1水準漢字（新聞や書籍などで日常使う漢字）… 2 965種類
　　　　　　　JIS第2水準漢字（人名や地名などで使う古い漢字）… 3 388種類
　② ひらがな〔濁音，半濁音，小文字（促音，拗音）を含む〕… 71種類
　③ カタカナ〔濁音，半濁音，小文字（促音，拗音）を含む〕… 71種類

となり，全部で7 000種類近くあります．したがって，英数字のようにとても

8ビット（1バイト）で表すことはできません．それで2バイト（16ビット）で表すことにします．16ビット使うと表せる種類の数は，$2^{16} = 65\,536$種類となり，十分に表すことができます．したがって，コンピュータではこれらの漢字，ひらがな，カタカナを2バイト文字ということがあります．ただし，カタカナにはEBCDIKなどで設定した英数字と同じ1バイトのカタカナもあります．これら2バイト種類のカタカナはコンピュータの画面上では大きさが異なるので，すぐに見分けがつきます．また，2バイト文字のカタカナでは濁点（ ゛），半濁点（ ゜）付きの文字があるのに対し，1バイト文字のカタカナにはそれらはなく，濁点や半濁点自体が一つの文字として独立しています．2バイト文字の文字コードとしては JIS 漢字コード（JIS X 0208），EUC（Extended Unix Code）コード，シフトJIS（Shift_JIS）コードがあります．

（4）Unicode

国ごとにそれぞれの文字コードをつくるのではなく，世界中の文字をコード化したのが Unicode です．各文字はコードポイント（code point）と呼ばれる数値で指定され，U＋XXXX と書きます（XXXX は16進数）．例えば「あ」のコードポイントは U＋3042 です（Windows パソコンでは「文字コード表」というアプリケーションでコードポイントを調べることができます）．Unicode には符号化の単位となるビット長として8，16，32の場合があり，それぞれ UTF-8，UTF-16，UTF-32 と呼ばれます（UTF は Unicode Transformation Format の略）．その中で最もよく用いられているのが ASCII と互換性のある UTF-8 です．UTF-8 では，各コードポイントは1〜4バイトの可変長で符号化されます．

1-3　2進数と10進数の変換

ここでは10進数を2進数に変換したり，その逆に2進数を10進数に変換する方法を説明します．

■1 10進数から2進数への変換

10進数を2進数に変換するには二つの手順が必要です．それはまず，整数部分を2進数に変換し，それから小数部分を2進数に変換します．最後にその二つの結果を小数点でつなげばでき上がりです．二つの手順はまったく異なります．

（1）整数部分の変換

10進数を順次2で割っていき，商が1になって割れなくなったら終わりです．そして，最後の商1に続けて余り（0または1）を並べてやればでき上がりです．例えば，10進数325は，**図1-1**に示すように計算すればよいので

$$(325)_{10} = (101000101)_2$$

と変換されます．ここで“…”は余りの意味です．もう1例示すと，10進数123は，**図1-2**に示すように計算すればよいので

$$(123)_{10} = (1111011)_2$$

と変換されます．

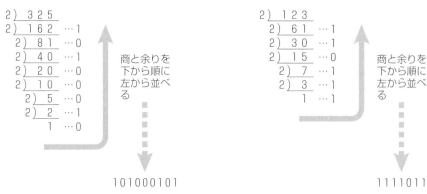

図 1-1　10進数325を2進数へ変換　　　　　図 1-2　10進数123を2進数へ変換

（2）小数部分の変換

小数部分に順次2を掛けていきます．掛けた結果が1を超えれば，1を引いたものに2を掛けていきます．掛けた結果の小数部分が0になるか，あるいは所望の桁数が得られれば終了します．最後に，掛けた結果の値の小数点の左にある0または1を上から並べればでき上がりです．例えば，10進数の0.159は，**図1-3**に示すように計算すればよいので

$$(0.159)_{10} = (0.00101000\cdots)_2$$

と変換されます．アンダラインの部分が1を引いたところです．理想的には最後の行の0.352の部分が0.000になれば終了なのですが，実際にはいつまでやってもならない場合が多いので，必要とする桁数が得られればそこで打ち切って終了

します．当然のことながら後述するように若干の**打切り誤差**が発生しますが，やむを得ません．打切り誤差を減らすには小数点以下の桁数を増やすことですが，むやみに増やすこともできませんので，そのときの必要な精度に応じて判断してください．

最後に，整数部分と小数部分をつないだら完全にでき上がりです．上記の例ですと

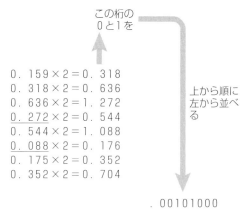

（下線部は1を引いた数）

図1-3　10進数の小数を2進数へ変換

$$(123.159)_{10} = (1111011.00101000\cdots)_2$$

となります．…は，まだ続くという意味です．

2 2進数から10進数への変換

2進数から10進数への変換はきわめて簡単です．**図1-4**に示すような重みを2進数の各桁に掛けてから，総和をとればよいだけです．
例えば前述の例ですと

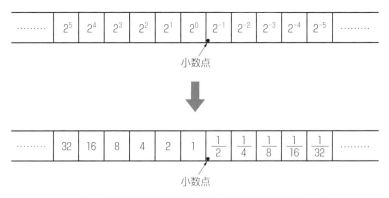

（これらの重みを2進数の"1"の桁に掛けて総和をとる）

図1-4　2進数から10進数への変換

$$(1\ 1\ 1\ 1\ 1\ 0\ 1\ 1\ .\ 0\ 0\ 1\ 0\ 1\ )_2$$

$$\downarrow\ \downarrow\ \downarrow\ \downarrow\ \ \downarrow\ \downarrow\qquad\quad \downarrow\qquad\ \downarrow$$

重み→ 64 32 16 8　　2 1　　　　1/8　　1/32

となるので，この合計を求めると

〈整数部分〉

$$64 + 32 + 16 + 8 + 2 + 1 = 123$$

〈小数部分〉

$$\frac{1}{8} + \frac{1}{32} = \frac{5}{32} = 0.15625\cdots$$

したがってこれらをつなぐと

$$(123.15625\cdots)_{10}$$

となります．例題のもともとの10進数は

$$(123.159)_{10}$$

でしたから，前述したように，小数第3位以下においては若干の打切り誤差が発生しているのがわかります．

談話室

8進数と16進数とは

　8進数というのは0から7までの数字ですべての数を表す方法です．7の上は8ではなくて繰り上がって10となります．つまり，各桁の重みは，4桁の8進数では

$$8^3 = 512,\ 8^2 = 64,\ 8^1 = 8,\ 8^0 = 1$$

となります．

　例えば，$(1275)_8$ は，10進数に直すと

$$1 \times 512 + 2 \times 64 + 7 \times 8 + 5 \times 1 = (701)_{10}$$

となります．逆に10進数を8進数に直すやり方は自分で考えてみてください（本文中の10進数を2進数に直す方法を参考にしてください）．

　16進数というのは，0から15までの数字ですべての数を表す方法です．ところが10から15までは数字のままだと2桁になって，このままでは実際には1桁の意味の数字を2桁の文字で表すことになってしまい，納まりが悪いので

$$10 \to A,\ 11 \to B,\ 12 \to C,\ 13 \to D,\ 14 \to E,\ 15 \to F$$

というふうに文字で表すことにしています（小文字 a~f でもよい）．ですから，16進数では，9の上は繰り上がって10となるのではなく，繰り上がらずにそのまま A となります．以下，B，C，D，E となって F の上ではじめて繰り上がって10となるのです．各桁の重みは4桁の16進数では

$16^3 = 4096,\ 16^2 = 256,\ 16^1 = 16,\ 16^0 = 1$

となります.

例えば，$(1 C 9 E)_{16}$ は，10 進数に直すと

$1 \times 4096 + 12 \times 256 + 9 \times 16 + 14 \times 1 = (7326)_{16}$

となります．逆に 10 進数を 16 進数に直すやり方は自分で考えてみてください．

なお，10 進数と 2 進数については本文ですでに説明しましたが，一般に n 進数という概念の中で，とくに 8 進数と 16 進数だけがなぜ使われるのでしょう．あるいは，6 進数や 13 進数などはなぜ使われないのでしょうか．その理由は簡単で，コンピュータの中で実際に表せるのは基本的には 0 と 1 だけだからです．だから，3 ビットを使えば，000 から 111（= 7），つまり 8 進数 1 桁をちょうど表すことができて，また，4 ビットを使えば 0000 から 1111（= 15），つまり 16 進数 1 桁をちょうど表すことができるからです．6 進数や 13 進数は 0 と 1 で表すには半端になってしまうのです．

問 題

Q1.1 次の 10 進数を 2 進数に変換しなさい．

（ア）252.3161　（イ）3.14159　（ウ）1997.728

Q1.2 次の 2 進数を 10 進数に変換しなさい．

（ア）1101.01101　（イ）100.11011　（ウ）1011101.0001101

Q1.3 次の 10 進数を BCD（8-4-2-1 符号）で表しなさい．

（ア）3162　（イ）9060　（ウ）4523　（エ）4917　（オ）2074

Q1.4 次の 8 進数または 16 進数を 10 進数で表しなさい．

（ア）$(1234)_8$　（イ）$(777)_8$　（ウ）$(BED)_{16}$

（エ）$(FACE)_{16}$　（オ）$(9D6A)_{16}$

Q1.5 次の 10 進数を 8 進数と 16 進数に変換しなさい．

（ア）47　（イ）123　（ウ）3151　（エ）7615

2 確率論の基礎知識

情報理論を学ぶにあたって，最初に準備しておかないといけないのは確率論に関する知識です．

2-1 集 合

集合（set）とは，その言葉のごとく，あるものの集まりを表します．例えば，1，2，3，4，5 という 5 個の数の集まりを A という名前の集合で表すには

$$A = \{1, 2, 3, 4, 5\} \tag{2-1}$$

と書きます．つまり，集合は二つの中かっこ { } で，はさんで表すことになっています．中かっこの中身を**要素**（element）といいます．要素は**元**ともいいます．一般的に書けば

$$集合名 = \{要素, 要素, \cdots, 要素\} \tag{2-2}$$

となります．また，任意の集合 S の要素の一つを x とすれば

$$x \in S \tag{2-3}$$

と書けます．x は集合 S に要素として含まれているという意味です．これは逆にも書けます．つまり

$$S \ni x \tag{2-4}$$

と書いても同じです．記号の向きが違うことに注意してください．含む集合のほうに開いています．これは，数学の不等号（>，<）の記号が大きなほうへ開いていることの類推から，容易に理解できると思います．上記の集合 A でいえば，例えば

$$2 \in A \tag{2-5}$$

と書けます．次にもう一つの集合 B を考えてみます．

$$B = \{1, 2, 3\} \tag{2-6}$$

この場合

$$B \subset A，または，A \supset B \tag{2-7}$$

と書きます．つまり，集合 B は集合 A に含まれているという意味です．このとき，集合 B は集合 A の**部分集合**（subset）であるといいます．この記号も先ほどと同じように大きいほう，つまり含むほうへ開いています．注意すべきは $\ni$，$\in$ は要素と集合の関係を表す記号であるのに対し，$\supset$，$\subset$ は集合と集合の関係を表す記号であることで，混同しないようにしましょう．不等号（$>$，$<$）に，等号の成り立つ場合も含めた意味で $\geqq$，$\leqq$ があるのと同じように，$\supset$，$\subset$ にも両辺の集合が等しい場合も含めて

$$B \subseteq A，または，A \supseteq B \tag{2-8}$$

という記号もあります．この場合は，集合 A と B が完全に等しい場合も含んでいます．いま

$$B \subset A \tag{2-9}$$

は成り立つが

$$B \subseteq A \tag{2-10}$$

は絶対に成り立たないとき，B は A の**真部分集合**といいます．つまり，B は A に含まれるが，A と同じにはならないということです．

　要素のない集合を**空集合**と呼びます．空集合はふつう，ϕ（ファイ）で表します．つまり

$$\phi = \{\} \tag{2-11}$$

となります．空集合は空集合以外の集合の部分集合といえるので

$$\phi \subset A \tag{2-12}$$

と書けます．いま，次のような集合 C を考えてみます．

$$C = \{0, 1, 2, 3\} \tag{2-13}$$

前述の集合 A とこの C の間で以下の 3 種類の集合演算を説明します．各演算をベン図（Venn diagram，円で集合概念を表した図）で**図 2-1**に示します．

　（1）**和集合**（cup）　$A \cup C$

　A，C のどちらかに属している要素の集合です．

$$A \cup C = \{0, 1, 2, 3, 4, 5\} \tag{2-14}$$

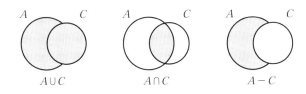

図 2-1　集合の演算

（2）**積集合**（共通部分）（cap）　$A \cap C$

A, C のどちらにも属している要素の集合です.

$$A \cap C = \{1, 2, 3\} \qquad (2\text{-}15)$$

（3）**差集合**　$A - C$

前者から後者を取り除いた集合です.

$$A - C = \{4, 5\} \qquad (2\text{-}16)$$

2-2　試行と事象

　サイコロを振ると，結果として 1, 2, 3, 4, 5, 6 のいずれかの目が出ます. し
かし，どの目が出るかは振る前にはわかりません. しかし，どの目が出る確率も
常識的に考えれば 1/6 です. このように，結果が確率的であるような行為を**試
行**（trial）といいます. 試行を何回も行ったつながりを**試行列**といいます. 例え
ば，サイコロを 3 回振る場合を考えると，起こり得る試行列の種類は限定されま
す. この場合，1 回目に出る目は 6 種類，2 回目も 6 種類，3 回目も 6 種類ですか
ら，その種類の総数は 6×6×6 で 216 種類です. このように，起こり得るすべて
の試行列の集合を**標本空間**（sampling space）といいます. 以後，標本空間を S
で表すことにします. S の部分集合を**事象**（event）といいます. 少し例を考えて
みましょう.

Example

　サイコロを 1 回だけ振るとします. このとき

　　　E_i：目 i が出る事象（$i = 1 \sim 6$）

とすると，標本空間は

$$S = \{E_1, E_2, E_3, E_4, E_5, E_6\} \qquad (2\text{-}17)$$

となります. このとき，偶数の目が出る事象は

$$\{E_2,\ E_4,\ E_6\}$$

となります. また, 5 以上の目が出る事象は

$$\{E_5,\ E_6\}$$

となります. 事象は S の部分集合であるので, 要素が 1 個でも事象となります. とくに要素が 1 個の事象を**単純事象**(elementary event)と呼びます. 例えば, 目 6 が出る事象は

$$\{E_6\}$$

と書けます.

事象には次のような演算ができます. いま, A, B を事象とします.

① **事象の和**(union of events) $A \cup B$

結果は A, B の少なくとも一方が生じる事象となる.

② **事象の積**(intersection of events) $A \cap B$

結果は A, B が同時に生じる事象となる.

③ **事象の否定** A^c(あるいは $S - A$ でもよい. S は標本空間)

結果は A が生じない事象となる. C は**余事象**(complement)の意味.

また, 二つの事象 A, B の間に共通部分がない場合, **排反**(exclusive)な事象といいます. すなわち

$$A \cap B = \phi \ (\phi は空集合) \tag{2-18}$$

が成り立つ場合です. 共通部分がないことを表す. 事象 A, B は「**互いに素**(mutually disjoint)である」といういい方もあります.

Example

サイコロを 1 回振るとき

A:偶数の目が出る事象

B:奇数の目が出る事象

とすると

$$A = \{E_2,\ E_4,\ E_6\}$$
$$B = \{E_1,\ E_3,\ E_5\}$$
$$\therefore\ \ A \cap B = \phi$$

となります.

2-3 確 率

① 確率の基礎

いま，n 個の事象からなる標本空間 S を

$$S = \{E_1,\ E_2,\ \cdots,\ E_n\} \tag{2-19}$$

とします．しかも n 個の事象 $E_1 \sim E_n$ はどの一つが起こるのも同様に確からしいとします．つまり，どれが起こりにくくて，どれが起こりやすいというような偏りはないものとします．$E_1 \sim E_n$ のどれも同じ起こりやすさであるということです．

いま，ある事象 A は標本空間 S の中の m 個（$m \leqq n$）の要素からなるとします．このとき，事象 A の起きる**確率**（probability）は

$$P(A) = \frac{m}{n} \tag{2-20}$$

となります．なお，$P(A)$ は A の起きる probability という意味で，$\Pr(A)$ と書く場合もあります．このとき，余事象である否定 A^c の起きる確率は

$$P(A^c) = \frac{n - m}{n} = 1 - P(A) \tag{2-21}$$

となります．

Example

$S = \{E_1,\ E_2,\ \cdots,\ E_6\}$ で，E_i をサイコロの目が i である事象とします．事象 $A = \{E_2,\ E_4,\ E_6\}$，つまり偶数の目が出る事象とすれば

$$P(A) = \frac{3}{6} = \frac{1}{2}$$

となります．

② 完全事象系

以上はどの一つが起きるのも同様に確からしいという前提でしたが，これがいえないときは各々の確率が必要です．いま，互いに排反な n 個の事象からなる標本空間 $S = \{E_1,\ E_2,\ \cdots,\ E_n\}$ があり，その要素の各事象の生起確率を

$$P(E_1), \quad P(E_2), \quad \cdots, \quad P(E_n)$$

とすると

$$\sum_{i=1}^{n} P(E_i) = 1 \tag{2-22}$$

が成り立つとき，S を **完全事象系**（complete finite scheme）といいます．そして確率を含めた表記として，次のように上段に事象，下段に確率を表します．

$$S = \begin{bmatrix} E_1 & E_2 & \cdots & E_n \\ P(E_1) & P(E_2) & \cdots & P(E_n) \end{bmatrix} \tag{2-23}$$

前述のサイコロの例も確率は均等ですが，確率の総和は 1 になるので完全事象系といえます．

3 大数の法則

生起確率が均等ではなく，かつ不明であるときにはどのようにすれば確率が求められるでしょうか．この場合はある法則を用いて確率を求めます．直感的にいえば，n 回の試行列の中で，事象 A が現れる回数を m とすると，n をどんどん大きくしていくと，m/n はどんどん $P(A)$ に近づいていくという法則です．しかしながら，式の上では

$$n \to 大 \quad のとき \quad \frac{m}{n} \to P(A)$$

というように単純ではなく，次のような式となります．

平均が μ，分散が σ^2 であることがわかっている **母集団**（膨大なサンプルの集合と考えればよい）から，そのごく一部の n 個のサンプル $x_1, x_2, \cdots, x_n$ を取り出し，その平均値を

$$\bar{x} = \frac{x_1 + x_2 + \cdots + x_n}{n} \tag{2-24}$$

とします．この平均値 $\bar{x}$ と母集団の平均 μ との差の絶対値 $|\bar{x} - \mu|$ が，ある任意の正の小さな値 ε よりも小さくなる確率を次のように P_n とします．

$$P_n = P(|\bar{x} - \mu| < \varepsilon) \tag{2-25}$$

このとき，次の不等式で表される関係が成り立ちます（証明は略しますが，詳しくは文献［10］を参照のこと）．

$$P_n \geqq 1 - \frac{\sigma^2}{n\varepsilon^2} \tag{2-26}$$

この式で n を大きくすると P_n はどんどん 1 に近づいていきます．すなわち

$$n \to \text{大} \quad \text{のとき} \quad P_n \to 1 \tag{2-27}$$

です．これを**大数の法則**（law of large numbers）といいます．この式は**ベルヌーイの法則**（Bernoulli's law）から導かれる式です．ベルヌーイ一族は学者の一族として有名で 8 人の数学者を輩出していますが，ここでのベルヌーイはヤコブ・ベルヌーイ（Jacob Bernoulli, 1654-1705）です．

　もう少し，具体的な表現にしてみましょう．1 回の試行で事象 A が起こる（$x_i = 1$ とする）確率を p，起こらない（$x_i = 0$ とする）確率を $1 - p$ とします．このとき，n 回の試行で事象 A が m 回起こるとすれば

$$\bar{x} = \frac{m}{n} \tag{2-28}$$

となります．各々の x_i について $\mu = p$，$\sigma^2 = p(1 - p)$ となります．したがって，式（2-25），（2-26）より

$$P\left(\left| \frac{m}{n} - p \right| < \varepsilon \right) \geqq 1 - \frac{p(1 - p)}{n\varepsilon^2} \tag{2-29}$$

となります．つまり，n 回の試行中に事象 A が起こる回数 m の割合と，事象 A の生起確率 p との差を小さな数 ε で押さえられる確率は，n を大きくすればどんどんと 1 に近づいていくということを意味しています．

Example

　正常なサイコロを振る場合を考えます．事象 A を 1 の目が出る事象とします．すると，くせのない正常なサイコロを仮定していますから，$p = 1/6$，$1 - p = 5/6$ は明らかです．したがって，式（2-29）より

$$P\left(\left| \frac{m}{n} - \frac{1}{6} \right| < \varepsilon \right) \geqq 1 - \frac{5}{36n\varepsilon^2} \tag{2-30}$$

となります．計算が簡単になるように，例えば $\varepsilon = 1/60$ としておきます．このとき上式の右辺は

$$1 - \frac{5}{36n(1/60)^2} = 1 - \frac{500}{n} \tag{2-31}$$

となります．したがって

① $n = 6\,000$ 回の場合

$$\left| \frac{m}{6\,000} - \frac{1}{6} \right| < \frac{1}{60}$$

となる確率は，0.9167 以上となります．

② $n = 60\,000$ 回の場合

$$\left| \frac{m}{60\,000} - \frac{1}{6} \right| < \frac{1}{60}$$

となる確率は，0.9917 以上となります．

③ $n = 600\,000$ 回の場合

$$\left| \frac{m}{600\,000} - \frac{1}{6} \right| < \frac{1}{60}$$

となる確率は，0.9992 以上となります．

④ $n = 6\,000\,000$ 回の場合

$$\left| \frac{m}{6\,000\,000} - \frac{1}{6} \right| < \frac{1}{60}$$

となる確率は，0.9999 以上となります．

　ここまでくればほとんど 1 といってよいでしょう．n を大きくすればするほど，1 の目が出る確率が $1/6$ に近づいて精度が高まっていきます．すなわち，「偶然に出る目が偏って 1 の目の出ることが多かった（あるいは少なかった）」というような偶然性が排除されていくわけです（ただし，正常なサイコロということが条件です）．

4 加法定理と乗法定理

（1）加法定理
　事象 A，B が排反事象のとき，A か B のいずれかが生じる確率は

$$P(A \cup B) = P(A) + P(B) \tag{2-32}$$

というように両者の和になるという定理です．

Example

　サイコロを振るとき

　　A：偶数の目が出る事象

　　B：3 または 5 の目が出る事象

とします．このとき

$$P(A) = \frac{1}{2}, \ P(B) = \frac{2}{6}$$

$$P(A \cup B) = \frac{1}{2} + \frac{2}{6} = \frac{5}{6}$$

となります。このとき，$P(A \cup B)$ は 2 以上の目が出る事象と同じとなります。

また，事象 A，B が排反事象でないときは次のようになります。

$$P(A \cup B) = P(A) + P(B) - P(A \cap B) \tag{2-33}$$

排反のときは，$A \cap B = \phi$ となり，$P(\phi) = 0$ ですから，式（2-32）は式（2-33）と同じとなるので，式（2-33）がより一般的な式となります。

（2）乗法定理

二つの事象があって，その事象が互いに相手に影響を及ぼさない（相手の確率に変化を生じさせない）ことを**独立**（independent）といいます。例えば，サイコロを 2 回続けて振る場合，1 回目に出る目と 2 回目に出る目とは何の関係もありません。1 回目に 1 が出たから，2 回目は 1 が出にくいといったことはまったくないからです。

事象 A，B が独立のとき，A と B が両方同時に起きる確率は

$$P(A \cap B) = P(A) \times P(B) \tag{2-34}$$

というように，両者の積になるというのが乗法定理です。

2-4 条件付き確率

❶ 結合確率

独立でない二つの事象 A，B を，最初に A，次に B という順で試行するとき，次のような確率を**条件付き確率**（conditional probability）と呼びます。

　　　$P(B \mid A)$：A が起こったという条件の下で，B が起こる確率

　　　$P(B \mid A^c)$：A が起こらなかったという条件の下で，B が起こる確率

つまり，｜（縦棒記号）の後ろ（右）が前提となる条件の事象を表し，前（左）が確率の対象となる事象を表します。事象 A，B が独立のときは条件付き確率は意味をもたず，縦棒の後ろに何が書いてあっても書いていないのと同じことになります。

独立でない事象 A，B がともに起こる確率は**結合確率**（joint probability）といいます。すなわち

$$(結合確率) = (A \text{ の確率}) \times (A \text{ の条件下での } B \text{ の確率})$$

となります．式で書くと

$$P(A \cap B) = P(A) \times P(B \mid A) \tag{2-35}$$

なお，A，B が独立のときは $P(B \mid A)$ は単に $P(B)$ となりますから，これは前述の式（2-34）の乗法定理をより一般化した乗法定理であるといえます．

また，上式では A，B の順に試行するとしましたが，これは逆の順でもよいので

$$\begin{aligned} P(A \cap B) &= P(B \cap A) \\ &= P(B) \times P(A \mid B) \end{aligned} \tag{2-36}$$

となります．

Example

中の見えない壺の中に5個ずつ，白，黒の玉があるとします．これを続けて2個取り出す場合を考えます．2個とも白の確率はいくらでしょう．

事象 A，B を

A：1回目が白

B：2回目が白

とします．このとき，条件付き確率は式（2-35）より

$$P(A \cap B) = P(A) \times P(B \mid A)$$

$$= \frac{5}{10} \times \frac{4}{9} = \frac{2}{9}$$

B と計算できます．

2 全確率の定理

いま，標本空間 S を構成する4個の事象 A_1，A_2，A_3，A_4 と別の事象 B があるとします．A_1～A_4 は互いに排反とします．一方，事象 B と A_1～A_4 は排反ではないとします．つまり

$$S = \{A_1,\ A_2,\ A_3,\ A_4\} \tag{2-37}$$

$$A_i \cap B \neq \phi \quad (i = 1 \sim 4) \tag{2-38}$$

とします．このとき図2-2からも明らか

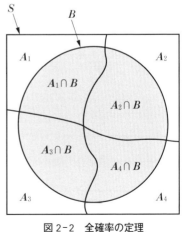

図2-2　全確率の定理

なように

$$P(B) = P(A_1 \cap B) + P(A_2 \cap B) + P(A_3 \cap B) + P(A_4 \cap B)$$

$$(2\text{-}39)$$

といえます．式（2-35）を使ってこれを変形すると

$$P(B) = P(A_1)P(B \mid A_1) + P(A_2)P(B \mid A_2)$$
$$+ P(A_3)P(B \mid A_3) + P(A_4)P(B \mid A_4) \qquad (2\text{-}40)$$

となります．以上は 4 個の事象 A_1, A_2, A_3, A_4 の場合ですが，これを n 個の場合に一般化すると，以下のようになります．

　いま，n 個の排反事象 A_1, A_2, $\cdots$, A_n があって，別の事象 B の，A_1, A_2, $\cdots$, A_n の下での条件付き確率が既知の場合，事象 B の起こる確率は次式で表されます．

$$P(B) = P(A_1)P(B \mid A_1) + P(A_2)P(B \mid A_2) + \cdots + P(A_n)P(B \mid A_n)$$
$$= \sum_{i=1}^{n} P(A_i)P(B \mid A_i) \qquad (2\text{-}41)$$

これを**全確率の定理**（theorem of whole probability）と呼びます．

2-5　ベイズの定理

　いま，ある事象 B があり，B が起こる原因となる n 個の排反事象 A_1, A_2, $\cdots$, A_n を考えます．このとき

$$P(B \mid A_i)$$

という確率は $A_i (i = 1 \sim n)$ という条件の下での，B の条件付き確率ですが，この場合の意味としては

　　「A_i が原因で B が起こる確率」

を表します．また確率 $P(A_i)$ を**事前確率**（a priori probability）と呼びます．
　次に

$$P(A_i \mid B)$$

という確率は，B という条件下での，$A_i (i = 1 \sim n)$ の条件付き確率ですが，この場合の意味としては

　　「B が起こったことを知って，それが原因 A_i から起こったと考えられる確率」

を表しており，これを**事後確率**（a posteriori probability）と呼びます．事前確率

と事後確率の関係はどうなっているのでしょうか．式（2-36）より

$$P(A_i \cap B) = P(B) \cdot P(A_i \,|\, B)$$

$$\therefore \quad P(A_i \,|\, B) = \frac{P(A_i \cap B)}{P(B)}$$

$$= \frac{P(A_i) \cdot P(B \,|\, A_i)}{\sum_{i=1}^{n} P(A_i) \cdot P(B \,|\, A_i)} \tag{2-42}$$

式 (2-42) は事後確率を事前確率で表した式で，**ベイズの定理** (Bayes' theorem) と呼ばれており，情報理論では大変重要な関係を表す式です（「談話室」参照）．

Example

事象 B を胃痛の発生とします．B の原因として次の三つの事象を考えます．

A_1：ストレス

A_2：胃潰瘍

A_3：胃がん

まず，各事象 A_1，A_2，A_3 の事前確率は次のような意味となります．

$P(A_1)$：ストレスの起こる確率

$P(A_2)$：胃潰瘍の起こる確率

$P(A_3)$：胃がんの起こる確率

次に，条件付き確率は次のような意味となります．

$P(B \,|\, A_1)$：ストレスが原因で胃痛の起こる確率

$P(B \,|\, A_2)$：胃潰瘍が原因で胃痛の起こる確率

$P(B \,|\, A_3)$：胃がんが原因で胃痛の起こる確率

このときベイズの定理を用いると，次のような事後確率を求めることができます．

$P(A_1 \,|\, B)$：胃痛が起こったとき，ストレスが原因である確率

$P(A_2 \,|\, B)$：胃痛が起こったとき，胃潰瘍が原因である確率

$P(A_3 \,|\, B)$：胃痛が起こったとき，胃がんが原因である確率

いま，例題として以下のような値を入れて事後確率を求めてみましょう（これらの値は単なる例題で，医学的な根拠のある値ではありませんので念のため）．

$P(A_1) = 60\,\%$

$P(A_2) = 35\,\%$

$$P(A_3) = 5\%$$
$$P(B \mid A_1) = 40\%$$
$$P(B \mid A_2) = 50\%$$
$$P(B \mid A_3) = 10\%$$

まず，事後確率 $P(A_1 \mid B)$ はベイズの定理の式（2-42）より

$$P(A_1 \mid B) = \frac{P(A_1) \cdot P(B \mid A_1)}{\sum_{i=1}^{3} P(A_i) \cdot P(B \mid A_i)}$$
$$= \frac{0.6 \times 0.4}{0.6 \times 0.4 + 0.35 \times 0.5 + 0.05 \times 0.1}$$

$\fallingdotseq 0.571 = 57.1\%$（胃痛が起こったときストレスが原因である
　　　　確率）

まったく同様にして

$\quad P(A_2 \mid B) = 41.7\%$（胃痛が起こったとき胃潰瘍が原因である確率）

$\quad P(A_3 \mid B) = 1.2\%$（胃痛が起こったとき胃がんが原因である確率）

というふうにすべての事後確率が求められます．

談話室

ベイズはどんな人？

　トーマス・ベイズ（Thomas Bayes, 1702-61）は18世紀前半のヨーロッパの数学者で，確率論の分野で業績を残した人ですが，職業は牧師でしたので，ベイズ師と書かれる場合があります．英国学士院（王立協会）会員で著名な人物だったらしいのですが，著名人の伝記を集めた「イギリス伝記事典」（*The Dictionary of National Biography*）には載せられていません．それはおそらく，ベイズが非国教徒の牧師であったことが理由ではないかといわれています．したがって，詳しい人物記録は残っていないようです．ベイズの定理は，ベイズの死後，親族で著名な文筆家であった牧師のプライス（Richard Price）博士が王立協会会員の学芸修士カントン（John Canton）氏へ宛てた手紙で公表され，「哲学会報」という学会誌に2本の論文

"An Essay towards solving a Problem in the Doctrine of Chances. By the late Rev. Mr. Bayes, F.R.S. communicated by Mr. Price in a Letter to John Canton, A.M.R.F.S"（Vol.53, pp.370-418, 1764）
"A Demonstration of the Second Rule in the Essay towards the Solution of a Problem in the Doctrine of Chances, published in a Philosophical Transactions Vol.LIII. Communicated by the Rev. Mr. Richard Price, in a Letter to Mr. John Canton, M.A.F.R.S"（Vol.54, pp.296-325, 1764）

となって掲載されました．最初の論文はその後，イギリスの生物測定学・数理統
計学の雑誌「バイオメトリカ」(*Biometrika*, Vol.45, pp.293-315, 1958)
に再掲されていますので，読むことが可能です．

　このように，ベイズの生涯は他の有名な数学者に比べるとほとんど表立っては
残っていませんが，今日，情報理論だけではなく，パターン認識の基礎理論でも
ベイズの研究成果が重要な位置を占めています．ベイズに関するもう少し詳しい
ことは「抹殺されていた数学者」(現代数学, Vol.7, No.12, 1974) を探して
読んでください（以上は文献 "確率論史"[22] による）．

2-6　確率変数

■1 期待値

　標本空間 S の中で定義される変数 X を考えます．この変数 X が，ある具体的
な値 x をとる確率が既知とします．この確率とは，つまり

$$P(X = x)$$

と書ける確率です．しかし，この書き方では面倒なので，これを簡単に

$$p(x)$$

と書くことにします．P を小文字 p にして，$X = x$ を単に x と書きます．この
ような変数 X を**確率変数**（random variable）と呼びます．確率変数 X の平均値
を，X の**期待値**（expectation）と呼び，$E(X)$ と記します．期待値は，次式のよ
うに値と確率の積の全体の総和で求められます．

$$E(X) = \sum xp(x) \tag{2-43}$$

Example

　2個のサイコロを振ったときの目の和は確率変数 X となって以下の**表2-1**の
ように表せます．

表 2-1　2 個のサイコロの目の和 x

x	2	3	4	5	6	7	8	9	10	11	12
$p(x)$	$\frac{1}{36}$	$\frac{2}{36}$	$\frac{3}{36}$	$\frac{4}{36}$	$\frac{5}{36}$	$\frac{6}{36}$	$\frac{5}{36}$	$\frac{4}{36}$	$\frac{3}{36}$	$\frac{2}{36}$	$\frac{1}{36}$

Example

1 個のサイコロを振ったときの出る目の期待値は

$$E(X) = \sum_{x=1}^{6} xp(x)$$

$$= 1 \cdot \frac{1}{6} + 2 \cdot \frac{1}{6} + 3 \cdot \frac{1}{6} + 4 \cdot \frac{1}{6} + 5 \cdot \frac{1}{6} + 6 \cdot \frac{1}{6}$$

$$= 3.5$$

となります.

2 分散と標準偏差

いま, 期待値 $E(X)$ を簡単に

$$\mu = E(X)$$

と μ で表します. **分散** (variance) $V(X)$ は以下の式で表されます.

$$V(X) = \sum (x - \mu)^2 p(x) \tag{2-44}$$

$$= \sum (x^2 - 2x\mu + \mu^2) p(x)$$

$$= \sum x^2 p(x) - 2\mu \underbrace{\sum xp(x)}_{\mu} + \mu^2 \underbrace{\sum p(x)}_{1}$$

$$= \sum x^2 p(x) - 2\mu\mu + \mu^2$$

$$= \sum x^2 p(x) - \mu^2 \tag{2-45}$$

ここで, 第 1 項の $\sum x^2 p(x)$ は x^2 の期待値ですから

$$V(X) = E(X^2) - \{E(X)\}^2 \tag{2-46}$$

と書けます. 分散の具体的な意味は, 平均値 μ からの x の値のちらばり具合を示しており, 分散が小さいと x の値が平均値付近によく集中しており, 分散が大きいと x の値がちらばっていることになります. 分散 $V(X)$ は σ^2 と書く場合のほうが多いようです. ここで, σ は**標準偏差** (standard deviation) と呼ばれる値で

$$\sigma = \sqrt{V(X)} \tag{2-47}$$

となります. ちなみに受験で使われる**偏差値** (deviation value) とは

$$z = 50 + 10 \times \frac{x - \mu}{\sigma} \tag{2-48}$$

という値，z です．

問 題

Q2.1 三つのサイコロを同時に振るとき，目の合計が 8 になる確率を求めなさい．

Q2.2 正常なサイコロ 1 個と，偶数の目が奇数の目よりも 2 倍出やすいという偏ったくせのあるサイコロ 1 個を同時に振るとき，目の合計 2〜12 の各々の確率を求めなさい．

Q2.3 中が見えない壺に同じ形状の 2 種類の色の石（黒石 5 個，白石 7 個）を入れておきます．この壺から 1 個ずつ順に合計 4 個の石を取り出すとき，2 種類が互い違いに出てくる確率を求めなさい．

Q2.4 1 000 本のくじの中には，1 等 1 000 000 円が 1 本，2 等 50 000 円が 10 本，3 等 10 000 円が 100 本含まれ，ほかはすべて空くじとします．この中から 1 本を引く人の期待値（金額）を求めなさい．

Q2.5 ビデオが映らなくなった事象を B，その原因として

A_1：ビデオの電子回路の故障（発生確率　65%）

A_2：モータの故障（発生確率　25%）

A_3：テープの破損（発生確率　10%）

なる三つの事象があるとします．このとき，条件付き確率を

$P(B \mid A_1) = 30\%$

$P(B \mid A_2) = 60\%$

$P(B \mid A_3) = 10\%$

とします．ベイズの定理を用いて三つの事後確率を求めなさい．

さらにそれらの事後確率の意味を言葉で説明しなさい．

3 情報量と エントロピー

前章までは情報理論の勉強を始めるいわば準備のための基礎知識でしたが，この章からはいよいよ情報理論の中身に入っていきます．

3-1 情報量とは

情報量とはどういう量でしょうか．直感的にいうと

$$\begin{cases} 聞いて非常に驚く情報 & \cdots\cdots\cdots\cdots 情報量が大きい \\ 聞いてもあまり驚かない情報 & \cdots\cdots 情報量が小さい \end{cases}$$

ということになります．その前に**情報利得**（information gain）という概念があります．これは

$$(情報利得) = (事前の不確実さ) - (事後の不確実さ)$$

と定義されています．例えば，火星への有人着陸が成功したというニュースを考えてみます．この場合，事前の不確実さはほぼ無限大（∞）といえます．というのは，誰もそんなことができるとは思っていないからです．これがもし，NHKのニュースで事実として伝えられたとします．すると事後の不確実さは，NHKのニュースということで非常に信頼性が高いと考えられますので，ほぼ0となります．したがって，この場合の情報利得は，∞−0ですからやはり∞となって，きわめて大きなニュースとなります．しかし，これがもしNHKのニュースではなくて，隣のいたずら好きな子どもがいっていたというだけならば，事後の不確実さもまた∞となりますので，∞−∞で，情報利得はほとんど0ということになります．しかし，このように∞というような漠然とした量を用いていたのでは取扱いが不便で，数学的な発展もできにくいので，以下に述べるように**シャノン**

(C. E. Shannon) が厳密な**情報量** (information content, quantity of information) という概念を考え出したのです．シャノンは確率統計の数学的な手法を用いて，情報量という概念を提案しました．1948 年のことです．これが今日の情報理論の基礎を構築したわけです．

1 自己情報量

生起確率（発生確率）が $p(a)$ の事象 a が実際に起こったとき，これを知ることにより得られる情報量を $I(a)$ とすると

$$I(a) \propto \frac{1}{p(a)} \tag{3-1}$$

となります．つまり，情報量は生起確率に反比例します．これは情報量を驚きの量と考えれば当たり前のことで，なかなか起こりにくいこと（$p(a)$ が非常に小さい事象）が実際に起きれば驚きも大きいし，いつも起こりやすいこと（$p(a)$ が非常に大きい事象）が実際に起きても驚きは小さいわけです．つまり

$$\begin{cases} p(a) \text{ が小} \longrightarrow I(a) \text{ が大（驚き大）} \\ p(a) \text{ が大} \longrightarrow I(a) \text{ が小（驚き小）} \end{cases}$$

となります．しかし，このままでは数学的な取扱いが不便です．なぜならば

$$p(a) = 1, \text{ ならば, } I(a) = 0$$

とはならないからです．つまり，式 (3-1) のままでは，必ず起きる事象が起きたときには驚きは 0 ですから，$I(a) = 0$ となるのが自然なわけです．また，$p(a)$ が非常に小さいときには $I(a)$ が大きな値になりすぎてしまいます．$p(a)$ がきわめて 0 に近いほど小さい場合には，$I(a)$ は ∞ に近いほど大きくなってしまいます．これでは具合が悪いわけです．そこで，右辺の対数をとって

$$I(a) = \log \frac{1}{p(a)} \tag{3-2}$$

$$= - \log p(a) \tag{3-3}$$

とします．このように対数で定義した $I(a)$ を事象 a の**自己情報量** (self-information) と呼びます．ここで，対数の底としては 2, 3, e, 10 などが考えられますが，情報理論では通常は 2 を底として用います．そして情報量の単位は**ビット** (bit) を用います．すなわち

$$I(a) = - \log_2 p(a) \quad \text{[bit]} \tag{3-4}$$

となります．もともとビットはデータ量の単位であり，情報量の単位として**シャ
ノン**（shannon，記号は Sh）があるのでそちらを用いるべきですが，実際には，
多くの場合で情報量の単位としてビットが使われています．したがって，本書で
もビットを使うことにします．

Example

　赤ん坊の誕生を考えます．男女比が仮に 1 対 1 とします（実際には，厳密には
差があるそうですが）．男児誕生の事象を *boy*，女児誕生の事象を *girl* とすると

$$I(boy) = - \log_2 \frac{1}{2} = 1 \quad [\text{bit}]$$

$$I(girl) = - \log_2 \frac{1}{2} = 1 \quad [\text{bit}]$$

となり，この場合の自己情報量はいずれも 1 ビットとなります．この結果は 1 章
の冒頭で述べたことと一致しています．つまり，赤ん坊が生まれたときにその子
が男女いずれであるかを聞いたときの情報量は，1 ビットということです．

Example

　試験の合格可能性が 1/8 であると先生にいわれた生徒がいたとします．この
生徒の合格ないしは不合格の事象のもつ自己情報量を求めてみます．

$$I(合格) \quad = - \log_2 \frac{1}{8} = \log_2 2^3 = 3 \quad [\text{bit}]$$

$$I(不合格) = - \log_2 \frac{7}{8} = - \log_2 7 + \log_2 8$$

$$= - 2.807 + 3 = 0.193 \quad [\text{bit}]$$

となります．つまり，この場合は合格の可能性が低いので，不合格になってもわ
ずか 0.193 ビットの情報量しかないのに対し，合格すれば 3 ビットもの情報量に
なるのです．

❷ 情報量の加法性

　いま，ある事象 E は二つの事象 E_1 と事象 E_2 の積であるとします．このとき，
事象 E の自己情報量は対数を使っているので

$$I(E) = I(E_1) + I(E_2) \tag{3-5}$$

というふうに二つの自己情報量の和になります．

　トランプの全カード〔図柄がハート，ダイヤ，クラブ，スペードの4種類で，各図柄に A（エース），2，3，…，10，J（ジャック），Q（クイーン），K（キング）の 13 枚があるので，全部で13×4 種類＝52 枚，ただしジョーカーを除く〕から1枚のカードを引く事象を考えます．引いたカードは自分で見ないで，誰かに見てもらってその内容を言葉で教えてもらうという設定とします．

① 引いたカードがスペードの A（エース，1）であることを知ったときの情報量は

$$I（スペードのA）= -\log_2 \frac{1}{52} = \log_2 52 ≒ 5.70 \quad 〔\text{bit}〕$$

② 引いたカードがスペードであることのみを知ったときの情報量は

$$I（スペード）= -\log_2 \frac{1}{4} = \log_2 4 = 2 \quad 〔\text{bit}〕$$

③ 引いたカードが A（エース）であることのみを知ったときの情報量は

$$I（A）= -\log_2 \frac{1}{13} = \log_2 13 ≒ 3.70 \quad 〔\text{bit}〕$$

以上のことから，$2 + 3.70 = 5.70$ ゆえ

$$I（スペードのA）= I（スペード）+ I（A）$$

すなわち，情報量の加法性が成り立ちます．

談話室
対数の計算

　情報理論では対数が実によく出てきます．情報理論は対数のかたまりといってもオーバーではないでしょう．高校時代に対数を学んだが，かなり忘れてしまったという人は，ここに基本となる公式をもう一度書いておきますから，最小限，これだけを思い出してください．ここで，底が書いていない対数は底が 10 の対数，すなわち常用対数です．

① $\log_a b = c \Leftrightarrow b = a^c$（これは対数の定義です）

② $\log_a b = \dfrac{\log b}{\log a}$

③ $\log_a (xy) = \log_a x + \log_a y$

④ $\log_a \dfrac{x}{y} = \log_a x - \log_a y$

⑤ $\log_a x^y = y \log_a x$

⑥ $-\log_a \dfrac{1}{x} = \log_a x$ （一番よく使う式で，⑤で $y = -1$ のとき）

3-2　平均情報量とエントロピー

1 平均情報量

いま，ある事象系 A を

$A = \{a_1,\ a_2,\ \cdots,\ a_n\}$

というふうに n 個の事象 $a_1 \sim a_n$ からなるとします．これら n 個の事象 $a_1 \sim a_n$ は互いに排反で，その生起確率 $p(a_i)$ の総和は 1 とします．つまり A は完全事象系とします．情報量 $I(a_i)$ の期待値を $H(A)$ とすると

$$H(A) = \sum_{i=1}^{n} p(a_i) I(a_i)$$
$$= -\sum_{i=1}^{n} p(a_i) \log_2 p(a_i)$$

ここで，簡単のために $p(a_i)$ を p_i と略記すると

$$H(A) = -\sum_{i=1}^{n} p_i \log_2 p_i \quad \text{〔bit〕} \tag{3-6}$$

この $H(A)$ を**平均情報量**（average information）と呼びます．平均情報量の値域は次のようになります．

$$0 \leq H(A) \leq \log_2 n \quad \text{〔bit〕} \tag{3-7}$$

ここで，$H(A)$ が最小値 0 となるのは，事象系 E の中のある特定の事象 a_i の生起確率 $p(a_i) = 1$ で他の事象の生起確率はすべて 0 のとき，このとき結果を聞く前から結果が既知，つまりわかりきっているので，平均情報量 $H(A)$ は 0 となります．一方，$H(A)$ が最大値 $\log_2 n$ となるのは，事象系 E のすべての事象の生起確率が等しく，$p(a_i) = 1/n$ で，どの事象も等確率で起こり得るとき，このとき結果を聞く前にはどれが起こるかはまったく予想がつかない状態なので，結果を聞いた後の平均情報量 $H(A)$ は最大となります．

Example

ある都市における 6 月 30 日のお天気の生起確率を

$$p\ (雨)\ =\ \frac{1}{2},\ \ p\ (晴)\ =\ \frac{1}{4}$$

$$p\ (曇)\ =\ \frac{1}{4},\ \ p\ (雪)\ =\ 0$$

とします．このときの平均情報量を求めると

$$H(A) = -\sum_{i=1}^{4} p_i \log_2 p_i$$

$$= -\frac{1}{2}\log_2\frac{1}{2} - \frac{1}{4}\log_2\frac{1}{4} - \frac{1}{4}\log_2\frac{1}{4} - 0\log_2 0$$

$$= \frac{1}{2} + \frac{2}{4} + \frac{2}{4} - 0 = 1.5\ \ [\text{bit}]$$

となります．ただし，第4項の計算に極限値として，$x\log_2 x \to 0\ (x \to 0)$，つまり，$0\log_2 0 \to 0$ を用いています．

2 エントロピーとは

エントロピー（entropy）という言葉はもともと熱力学における分子の「無秩序さ」の尺度を表す言葉です．つまり，エントロピー H は以下のような式で定義されます．

$$H = -K\sum_{k} n_k \log_e n_k \tag{3-8}$$

ここで，K はボルツマン定数で，n_k は気体分子の k 番目のエネルギー状態にある確率を表します．この式に関する詳しい説明は熱力学の専門書を読んでもらうとして，エントロピーとは，直感的にいうと「無秩序さ」「あいまいさ」「不確実さ」「不明確さ」などの概念を意味します（40ページ，「談話室」参照）．

式(3-8)は熱力学でのエントロピーの定義式ですが，それでは情報理論におけるエントロピーとはどういうものかというと，次の式となります．すなわち，情報の「あいまいさ」「不確実さ」を表す尺度として

$$H = -\sum_{i=1}^{n} p_i \log_2 p_i \tag{3-9}$$

と定義されます．もう気がついたと思いますが，式(3-9)は前述の平均情報量の式(3-6)と同じ式です．すなわち，情報理論におけるエントロピーとは

エントロピー ＝ 平均情報量

ということです．したがってこれ以降は，平均情報量という代わりにエントロピーという言葉を主に使うことにします．

Example

ある日の A 市の天気予報が

① 晴れ 40%, 曇り 30%, 雨 30% のとき

$$H = - \sum_{i=1}^{3} p_i \log_2 p_i$$

$$= - 0.4 \log_2 0.4 - 0.3 \log_2 0.3 - 0.3 \log_2 0.3$$

$$= 1.57 \quad (\text{bit})$$

② 晴れ 100% のとき

$$H = - \sum_{i=1}^{3} p_i \log_2 p_i$$

$$= - 1.0 \log_2 1.0$$

$$= 0 \quad (\text{bit})$$

この場合はエントロピーは 0 となります. 晴れが 100% なので結果が一つに決まってしまっており, 情報量は 0 となります. つまり, エントロピーが 0 で, あいまいさなしということになります.

❸ 最大エントロピー

エントロピーが最大になるのはどういう場合かを考察してみましょう. いま, 二つの事象からなる事象系 A (これを **2 元事象系** といいます) を考えて, 次のように表します.

$$\boldsymbol{A} = \begin{bmatrix} a_1 & a_2 \\ p_1 & p_2 \end{bmatrix} \tag{3-10}$$

ここで, 第 1 行の a_1, a_2 は二つの事象を表し, 排反でどちらか一方の事象だけが起こるものとします. 第 2 行の p_1 は事象 a_1 の, p_2 は事象 a_2 のそれぞれ生起確率を表します. したがって $p_1 + p_2 = 1$ となります.

エントロピーを求めると以下の式になります.

$$H = - p_1 \log_2 p_1 - p_2 \log_2 p_2 \tag{3-11}$$

$$p_1 + p_2 = 1 \tag{3-12}$$

エントロピー H の最大値を求めるには極大値を求めればよいから, H を p_1 で微分して 0 になるところを求めればよいのです. 両式を p_1 で微分します. ただし, 微分に関する知識の乏しい人はこの節を読みとばしても差し支えありません. まず, 式(3-11)より

$$\frac{dH}{dp_1} = -\log_2 p_1 - p_1 \cdot \frac{1}{p_1} - \frac{dp_2}{dp_1} \cdot \log_2 p_2 - p_2 \cdot \frac{1}{p_2} \cdot \frac{dp_2}{dp_1} \qquad (3\text{-}13)$$

式 (3-12) より

$$1 + \frac{dp_2}{dp_1} = 0 \quad \therefore \quad \frac{dp_2}{dp_1} = -1 \qquad (3\text{-}14)$$

式 (3-14) を式 (3-13) に代入して

$$\frac{dH}{dp_1} = -\log_2 p_1 - 1 + \log_2 p_2 + 1$$

$$= -\log_2 p_1 + \log_2 p_2 \qquad (3\text{-}15)$$

H の最大値はこれを 0 とおいて

$$-\log_2 p_1 + \log_2 p_2 = 0$$

$$\therefore \quad \log_2 p_1 = \log_2 p_2$$

$$\therefore \quad p_1 = p_2 \qquad (3\text{-}16)$$

したがって，エントロピー H が最大になるのは p_1, p_2 が等確率のときであることがわかります．このとき，エントロピー H は

$$H_{\max} = -\log_2 \frac{1}{2} = 1 \quad \text{〔bit〕}$$

となります．以上の話は 2 元事象系の話でしたが，これを一般化して，**n 元事象系**の場合

$$\boldsymbol{A} = \begin{bmatrix} a_1 & a_2 & \cdots & a_n \\ p_1 & p_2 & \cdots & p_n \end{bmatrix} \qquad (3\text{-}17)$$

に拡張して考えてみましょう．やはり同様に計算してエントロピー H が最大になるのは，n 個の事象の生起確率がすべて等しく，$1/n$ の場合であることがわかります．この場合のエントロピーは

$$H_{\max} = -\log_2 \frac{1}{n} \quad \text{〔bit〕} \qquad (3\text{-}18)$$

となります．

式 (3-11) で，$p_1 = p$, $p_2 = 1 - p$ とおくと

$$\mathscr{H}(p) = -p \log_2 p - (1 - p) \log_2 (1 - p) \qquad (3\text{-}19)$$

となります．この関数 $\mathscr{H}(p)$ を**エントロピー関数** (entropy function) と呼びます．グラフに描くと**図 3-1** のようになります．エントロピー関数は，上式からもわ

かるように，生起確率を足して1になる二つだけの事象からなる2元完全事象系のエントロピーそのものを表しています．エントロピー関数は左右対称ですから，$\mathcal{H}(0.0)$ 〜 $\mathcal{H}(0.5)$ の区間の値さえわかっていれば，$\mathcal{H}(0.5)$ 〜$\mathcal{H}(1.0)$ の区間の値は裏返しゆえに，すぐに求められます（169ページ，付録参照）．

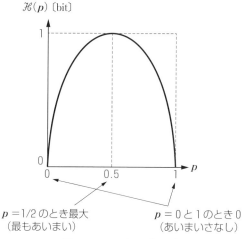

$p=1/2$ のとき最大
（最もあいまい）

$p=0$ と1のとき0
（あいまいさなし）

図3-1　エントロピー関数

例えば，ある試験を受けて合格する確率が A 君は 0.6（不合格の確率は 0.4），B 君は 0.9（不合格の確率は 0.1）である場合，エントロピーはそれぞれ

$$\mathcal{H}（\text{A君}）= \mathcal{H}(0.6) = \mathcal{H}(0.4) \fallingdotseq 0.971 \tag{3-20}$$

$$\mathcal{H}（\text{B君}）= \mathcal{H}(0.9) = \mathcal{H}(0.1) \fallingdotseq 0.469 \tag{3-21}$$

となります．当然，B 君のほうが合格する可能性が高いので，あいまいさ，不確実さが少なくなります．

Example

以下の例はいずれも等確率と仮定します．

① サイコロを1回振るときの最大エントロピー

$$H_{\max} = -\sum_{i=1}^{6} \frac{1}{6} \log_2 \frac{1}{6}$$

$$= \log_2 6 = 2.585 \quad \text{〔bit〕}$$

② 英数字（A〜Zと空白の計27文字）の最大エントロピー

$$H_{\max} = -\sum_{i=1}^{27} \frac{1}{27} \log_2 \frac{1}{27}$$

$$= \log_2 27 = 4.755 \quad \text{〔bit〕}$$

③ 常用漢字（1 945文字）の最大エントロピー

$$H_{\max} = - \sum_{i=1}^{1\,945} \frac{1}{1\,945} \log_2 \frac{1}{1\,945}$$

$$= \log_2 1\,945 = 10.925 \quad \text{〔bit〕}$$

4 結合エントロピーと条件付きエントロピー

いま，二つの事象系を

$$A = \begin{bmatrix} a_1 & a_2 \\ p(a_1) & p(a_2) \end{bmatrix} \tag{3-22}$$

$$B = \begin{bmatrix} b_1 & b_2 \\ p(b_1) & p(b_2) \end{bmatrix} \tag{3-23}$$

とします．A，Bとも第1行は事象，第2行はその生起確率とします．二つの事象系 A，B が同時に起きる事象を**結合事象系**と呼び，$A \otimes B$，または単に AB で表します．上記の A，B のとき結合事象系 AB は

$$AB = \begin{bmatrix} (a_1,\ b_1) & (a_1,\ b_2) & (a_2,\ b_1) & (a_2,\ b_2) \\ p_{11} & p_{12} & p_{21} & p_{22} \end{bmatrix} \tag{3-24}$$

となります．ただし

$$(a_i,\ b_j) = a_i \cap b_j, \quad p_{ij} = p(a_i \cap b_j)$$

とします．このときの AB の平均情報量

$$H(AB) = - \sum_i \sum_j p_{ij} \log_2 p_{ij} \tag{3-25}$$

を**結合エントロピー**（joint entropy）と呼びます．$H(AB)$ は $H(A,\ B)$ や $H(A \otimes B)$ と書く場合もあります．上式を変形して

$$\begin{aligned}
H(AB) &= - \sum_i \sum_j p(a_i \cap b_j) \log_2 p(a_i \cap b_j) \\
&= - \sum_i \sum_j p(a_i) p(b_j \,|\, a_i) \log_2 p(a_i) p(b_j \,|\, a_i) \\
&= - \sum_i \sum_j p(a_i) p(b_j \,|\, a_i) \cdot \{\log_2 p(a_i) + \log_2 p(b_j \,|\, a_i)\} \\
&= - \sum_i \sum_j p(a_i) p(b_j \,|\, a_i) \log_2 p(a_i) \\
&\quad - \sum_i \sum_j p(a_i) p(b_j \,|\, a_i) \log_2 p(b_j \,|\, a_i) \\
&= - \sum_i \{\underbrace{\sum_j p(b_j \,|\, a_i)}_{\text{この部分は1}}\} p(a_i) \log_2 p(a_i) \\
&\quad - \sum_i p(a_i) \underbrace{\sum_j p(b_j \,|\, a_i) \log_2 p(b_j \,|\, a_i)}
\end{aligned} \tag{3-26}$$

ここで，第1項の $\frown$ を付けた部分は確率 $p(b_j \,|\, a_i)$ の j に関する総和である

から1となります．したがって，第1項全体は a_i に関する平均情報量，すなわち
エントロピー $H(\boldsymbol{A})$ となります．第2項の ⌣⌣ を付けた部分は，条件 a_i の下
での b_j のエントロピーです．

したがって，第2項全体はその a_i に関する平均値ですから $H(\boldsymbol{B}\,|\,\boldsymbol{A})$ となりま
す．すなわち

$$H(\boldsymbol{B}\,|\,\boldsymbol{A}) = -\sum_i p(a_i)\sum_j p(b_j\,|\,a_i)\log_2 p(b_j\,|\,a_i) \tag{3-27}$$

この $H(\boldsymbol{B}\,|\,\boldsymbol{A})$ のことを**条件付きエントロピー**（conditional entropy）と呼びま
す．以上のことから式(3-26)は

$$H(\boldsymbol{AB}) = H(\boldsymbol{A}) + H(\boldsymbol{B}\,|\,\boldsymbol{A}) \tag{3-28}$$

と書けます．同様にして

$$H(\boldsymbol{AB}) = H(\boldsymbol{B}) + H(\boldsymbol{A}\,|\,\boldsymbol{B}) \tag{3-29}$$

というようにも計算できます．すなわち

$$H(\boldsymbol{AB}) = H(\boldsymbol{BA}) \tag{3-30}$$

が成り立ちます．

5 シャノンの基本不等式

条件付きエントロピーには以下の関係が成り立つことは容易に理解できます．
これを**シャノンの基本不等式**（Shannon's fundamental inequality）といいます．

$$H(\boldsymbol{A}\,|\,\boldsymbol{B}) \leqq H(\boldsymbol{A}) \tag{3-31}$$

$$H(\boldsymbol{B}\,|\,\boldsymbol{A}) \leqq H(\boldsymbol{B}) \tag{3-32}$$

なぜならば，式(3-31) の場合は，$\boldsymbol{B}$ を知れば，$\boldsymbol{B}$ を知らないときよりも $\boldsymbol{A}$ に関
するあいまいさ（エントロピー）が減少することを意味しており，これは自明な
ことです．例えば

$\qquad \boldsymbol{A}$ は明日雨が降るという事象

$\qquad \boldsymbol{B}$ は台風が接近しているという事象

とします．明日，雨が降るかどうかというあいまいさは，台風が接近していると
いうことを知りますと，おそらく雨が降るだろうという予想ができますので，あ
いまいさがかなり減少します．式(3-32)は単に文字が入れ換わっているだけで
まったく同じことです．したがって，式(3-28)と式(3-32)より

$$H(\boldsymbol{AB}) = H(\boldsymbol{A}) + H(\boldsymbol{B}\,|\,\boldsymbol{A}) \leqq H(\boldsymbol{A}) + H(\boldsymbol{B})$$

$$\therefore \quad H(\boldsymbol{AB}) \leqq H(\boldsymbol{A}) + H(\boldsymbol{B}) \tag{3-33}$$

となります．等号が成り立つのは事象系 A, B が独立（つまり無関係）のときです．上記の例を例えば

　　A は犬が子どもを産むという事象

　　B は台風が接近しているという事象

と変えますと，A, B には何の関係もなくなりますので，事象として A, B は独立となり，式(3-33)では等号が成り立ちます．

　これらの式を使って次の不等式が成り立ちます．

$$0 \leq H(A \mid B) \leq H(A) \leq H(AB) \tag{3-34}$$

　左から一つ目の不等号については，エントロピーが非負の量であることがその定義式から明らかです．二つ目の不等号は式(3-31)からです．また，三つ目の不等号については，$H(AB) = H(A) + H(B \mid A)$ で $H(B \mid A)$ は，非負ですから，$H(AB) \geq H(A)$ は明らかです．

　ここでは二つの結合事象について考察しましたが，三つ以上の結合事象についても同様の議論が可能です．三つの事象 A, B, C の結合事象の結合エントロピーは

$$H(ABC) = - \sum_i \sum_j \sum_k p(a_i, \; b_j, \; c_k) \log_2 p(a_i, \; b_j, \; c_k) \tag{3-35}$$

となります．

談話室

エントロピーは増大する

　本文で学んだように，エントロピーとは「無秩序さ」の尺度ですが，もう少しわかりやすいいい方を考えてみましょう．例えば2種類の物質間で

　　　・ある一定の法則や偏りがみられる —— エントロピーが小

　　　・混じり合って均一化 —— エントロピーが大

となります．例えば，コップに1杯の水が静止して入っているとします．そのコップの真ん中へ1滴の青インクを静かに落としたとします．すると，落とした瞬間は青インクと水はほとんど混じり合っていないので，エントロピーは非常に小さい状態です．しかし，たちまち青インクは水の中で拡散を始めていきます．つまり，水と青インクはどんどんと混じり合っていくわけです．この状態ではエントロピーはどんどん大きくなっていきます．何時間も放置しておくと，ついには青インクは水に完全に均等に混じってしまって，元の青色はほとんどわからなくなってしまいます．この状態が最もエントロピーが大きい状態です．

　もう一つ例を考えましょう．ある山があって，その山の真ん中に境界線を引きます．そして，境界線の西側には松の木を植え，東側には杉の木を植えます．こ

の植林を行った直後は，松と杉は境界線をはさんできっちりと分かれていますので，エントロピーは非常に小さい状態です．つまり完全に秩序が保たれている状態です．しかし，何年も経過すると，風や動物その他によって種子がお互いに相手の領域に入っていき，松の木の中にも杉が生え，杉の木の中にも松が生えてきます．つまり，エントロピーは増大していきます．そして，何十年あるいは何百年か経過したら境界線はまったく意味を失い，ついには，その山にはどこでも同じように松と杉が生えた状態になってしまう可能性があります．こうなるとエントロピーは最大になったわけです．これら二つの例からもわかるように，一般に自然界においては，エントロピーというものは不可逆的に増加のほうへ進むという性質をもっています．古典的熱力学には二大法則があって，第1法則はご存知の「エネルギー保存の法則」であり，第2法則が「エントロピー増大の法則」となっています．これと同じことがあなたの部屋にもいえるかもしれません（？）．つまり，あらゆる物をきちんと片付けて掃除をした直後は，部屋のエントロピーは非常に小さくなっていますが，そのうちにまただんだんと散らかってきて，部屋が雑然とした状態になってくると，エントロピーがかなり大きくなってきたといえます．ものぐさ者の部屋ほど，エントロピーが大きいといえるでしょう（？）．

3-3　相互情報量

■1 相互情報量の定義

　事象系 A と事象系 B の**相互情報量**（mutual information）とは次のように定義される量 $I(A;B)$ です．

$$I(A;B) = H(A) - H(A \mid B) \tag{3-36}$$

かっこ内の A と B の間には「：（セミコロン）」を書きます（単にカンマを使っている本もあります）．ここで，右辺の $H(A)$ は**事前エントロピー**，$H(A \mid B)$ は**事後エントロピー**と呼びます．右辺に元の定義式を入れて次のように変形していきます．

$$
\begin{aligned}
I(A;B) &= -\sum_i p(a_i) \log_2 p(a_i) + \sum_i \sum_j p(a_i,\ b_j) \log_2 p(a_i \mid b_j) \\
&= -\sum_i \{\underbrace{\sum_j p(a_i,\ b_j)}\} \log_2 p(a_i)
\end{aligned}
$$

この部分は $p(a_i)$

$$+ \sum_i \sum_j p(a_i, b_j) \log_2 \frac{p(a_i, b_j)}{p(b_j)}$$

$$= \sum_i \sum_j p(a_i, b_j) \log_2 \frac{1}{p(a_i)}$$

$$+ \sum_i \sum_j p(a_i, b_j) \log_2 \frac{p(a_i, b_j)}{p(b_j)}$$

$$= \sum_i \sum_j p(a_i, b_j) \log_2 \frac{p(a_i, b_j)}{p(a_i)p(b_j)} \tag{3-37}$$

式 (3-37) が**相互情報量**の定義式です．相互情報量の意味は，事後エントロピーによる事前エントロピーの減少分を表します．すなわち，B を知ることにより，A に関するあいまいさの減少分を表しています．いい換えれば，B によって運ばれる，A に関する情報量となります．わかりやすい例を示しましょう．

Example

A：山田君が試験に合格するかどうかという事象

B：山田君が熱心に勉強したかどうかという事象

とすると，B を知る前は A のあいまいさは大きく，山田君が合格するかどうかはどちらとも予想できかねます．しかし，B を知って，山田君が熱心に勉強していたかどうかがわかれば，A の山田君が合格するかどうかのあいまいさはかなり減少します．すなわち，熱心に勉強していたのであれば，合格する可能性は高いですが，勉強していなかったのであれば，合格する可能性は低くなります．これを相互情報量の記法で書くと，例えば，I（合格：勉強）となります．

2 相互情報量の上下限

相互情報量の上下限に関しては，以下の不等式が成り立ちます．

$$0 \le I(A:B) \le H(A) \tag{3-38}$$

ここで，左側の $\le$ で等号が成り立つのは，A と B が独立，つまり無関係のときです．無関係の事象の間においては相互情報量は 0 となります．つまり，A と B がまったく無関係のときには，B を知っても A に関するあいまいさは全然減少しません．例えば，前述の山田君の例において，B を

B：来年の夏は冷夏であるかどうかという事象

とすれば，B を知っても山田君の合格のあいまいさは少しも減少しません．

一方，右側の $\le$ において等号が成り立つのは，式 (3-36) からわかるように

$H(A\,|\,B)=0$，つまり B を知った後の A のエントロピーが 0 のときです．例えば，誰でも参加すれば参加賞がもらえるというイベントにおいて

　　A：鈴木君が参加賞をもらえるかどうかという事象

　　B：鈴木君がイベントに行くかどうかという事象

とすれば，B を知れば A に関するあいまいさは 0 になります．

❸ 相互情報量とエントロピー関数

ある都市のお天気に関する事象系を $A=\{a_1,\ a_2\}$ とします．ここで

$$\begin{cases} a_1：雨が降る \\ a_2：雨が降らない \end{cases}$$

として，$p(a_1)=p(a_2)=1/2$，すなわち等確率としておきます．天気予報を聞く前の事前エントロピーは

$$H(A)=-\frac{1}{2}\log_2\frac{1}{2}-\frac{1}{2}\log_2\frac{1}{2}$$

$$=1\ \ 〔\text{bit}〕 \tag{3-39}$$

となります．一方，天気予報に関する事象系を $B=\{b_1,\ b_2\}$ とします．ここで

$$\begin{cases} b_1：雨が降る \\ b_2：雨が降らない \end{cases}$$

とします．天気予報の適中率 p を

$$\begin{cases} p\ \ \ \ \ \ ：当たる確率 \\ 1-p：当たらない確率 \end{cases}$$

とします．すなわち

$$p(a_i\,|\,b_j)=\begin{cases} p\ \ \ \ \ \ \ \ (i=j) \\ 1-p\ \ \ (i\neq j) \end{cases} \tag{3-40}$$

天気予報での雨の降る確率 $p(b_1)$，$p(b_2)$ は

$$p(b_1)=p(a_1)\times p+p(a_2)\times(1-p)$$

$$=\frac{1}{2}p+\frac{1}{2}\times(1-p)=\frac{1}{2} \tag{3-41}$$

$$p(b_2)=p(a_1)\times(1-p)+p(a_2)\times p$$

$$=\frac{1}{2}(1-p)+\frac{1}{2}\times p=\frac{1}{2} \tag{3-42}$$

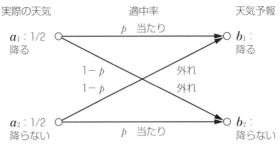

図3-2　実際の天気と天気予報の関係

すなわち，こちらも等確率となります．この関係を**図3-2**に示します．これらより，結合確率 $p(a_i, b_i)$ は

$$p(a_i, b_j) = p(a_i \mid b_j) p(b_j) = \begin{cases} \dfrac{1}{2} p & (i = j) \\[2mm] \dfrac{1}{2}(1 - p) & (i \neq j) \end{cases} \tag{3-43}$$

これより，事後エントロピーは

$$H(A \mid B) = -\sum_i \sum_j p(a_i, b_j) \log_2 p(a_i \mid b_j)$$

$$= -\frac{1}{2} p \log_2 p - \frac{1}{2}(1 - p) \log_2 (1 - p)$$

$$-\frac{1}{2}(1 - p) \log_2 (1 - p) - \frac{1}{2} p \log_2 p$$

$$= -p \log_2 p$$
$$-(1 - p)$$
$$\times \log_2 (1 - p)$$
$$= \mathcal{H}(p) \quad (3\text{-}44)$$

すなわち，エントロピー関数となります．したがって，相互情報量は式(3-39)と式(3-44)から

$$I(A : B) = H(A) - H(A \mid B)$$
$$= 1 - \mathcal{H}(p)$$

$$(3\text{-}45)$$

となります．これをグラフで表すと，**図3-3**のようになります．こ

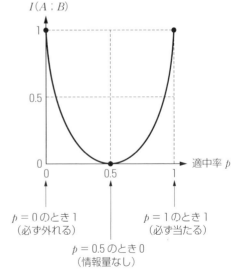

$p = 0$ のとき 1
（必ず外れる）

$p = 1$ のとき 1
（必ず当たる）

$p = 0.5$ のとき 0
（情報量なし）

図3-3　適中率と相互情報量

のグラフで，適中率 p が 1 のときは予報が必ず当たるので，相互情報量は 1，適中率 p が 0 のときは予報が必ず外れるので，逆を信じればよく，降らないというときは降る，降るというときは降らないと，この場合も相互情報量は 1 となります．しかし，適中率 p が 0.5 のときは予報が当たるとも当たらぬともいえない五分五分の状態なので，結局，得られる情報量は 0 となります．つまり，そのような予報ならば聞いても意味がないということになります．

④ 相互情報量の性質

相互情報量に関しては以下の式が成り立ちます．

$$I(A\,;B) = I(B\,;A) \quad \cdots\cdots \text{ 対称性} \tag{3-46}$$
$$= H(B) - H(B\,|\,A) \tag{3-47}$$
$$= H(A) + H(B) - H(AB) \tag{3-48}$$

これらより

$$H(A) = H(A\,|\,B) + I(A\,;B) \tag{3-49}$$
$$H(B) = H(B\,|\,A) + I(A\,;B) \tag{3-50}$$
$$H(AB) = H(A) + H(B) - I(A\,;B) \tag{3-51}$$
$$H(AB) = H(A) + H(B\,|\,A) \tag{3-52}$$
$$= H(B) + H(A\,|\,B) \tag{3-53}$$

となります．相互情報量 $I(A\,;B)$ は A と B に関して対称であり，A と B の相互に共通に含まれる情報量であるということがわかります．これらの関係を図 3-4 に示します．

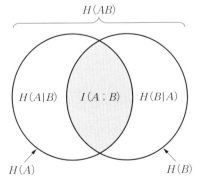

図 3-4 各種エントロピーと相互情報量の関係

談話室

$\log_2 x$ の計算方法

　情報理論では対数の計算が大変よく出てきます．そのほとんどが2を底とする対数です．これを実際に計算する場合は，コンピュータでプログラミングする場合は簡単かもしれませんが，練習問題をするときや試験などでは手計算しなければならない場合もあります．しかし，数表に載っている対数は底が10の常用対数か，あるいは底が e の自然対数しか載っていない場合がほとんどです．試験の場合は，底が10の常用対数のみが書いてある場合がほとんどで，底が2の対数表を付けてくれている試験問題はあまりないようです．それで，底が2の対数 $\log_2 x$ の値を求めるには，次のようにすれば簡単にできます．

$$\log_2 x = \frac{\log x}{\log 2} = \frac{\log x}{0.3010} = 3.3222591 \times \log x \fallingdotseq 3.3223 \times \log x$$

つまり，常用対数 $\log x$ の値に **3.3223** を掛けるだけです．3.3223 は「見てみ富士山（ミ点ミフジサン）」と覚えればどうでしょうか．

問 題

Q3.1 ある都市のある日の天気予報が，晴れ 45%，曇り 35%，雨 12%，雪 8% のとき，エントロピー H を小数第2位まで求めなさい．

Q3.2 あるイベントの入場者の年齢が，20歳代 13%，30歳代 25%，40歳代 33%，50歳代 22%，60歳代 7% のとき，エントロピー H を小数第2位まで求めなさい．

Q3.3 「いろは」48文字の生起確率がすべて等しいと仮定したときの平均情報量 H_0 を小数第3位まで求めなさい．

Q3.4 n 個の事象 $E_i(i = 1 \sim n)$ の生起確率を P_i とするとき
$$P_1 = a\%, \quad P_i = P_{i-1} + 1\%$$
とします．このとき，生起確率の和が 100% になるためには最小の整数 a とそのときの n をいくらに設定すればよいかを求めなさい．また，そのときの平均情報量 H_0 を求めなさい．

Q3.5 A君が3年後に大学を卒業できる確率は 75%，A君の父が3年後に会社で重役になれる確率は 30% としたとき，二つの事象の結合エントロピーを求めなさい．ただし，二つの事象は独立とします．

4 情報源と通信路

これまでの章では情報そのものについての考察を行ってきました．すなわち，事象の生起確率を基本にして，情報量なるものをきちんと定義し，情報という漠然としていた概念を数学的に厳密に取り扱う方法を説明してきました．これらは情報理論の生みの親ともいえるシャノンの確立したものです．しかし，シャノンの仕事はこれだけではなく，この章から解説する通信の理論にも非常に大きな足跡を残しています．

通信とはいうまでもなく，情報をある場所から別の場所へ伝えることです．つまり情報を運ぶことを表します．前章までの情報量の議論は情報そのものの発生に関する考察でしたが，この章からは，その情報をいかに誤りなく効率的に他の場所へ運ぶかという議論を中心に解説することになります．

4-1 シャノンの通信系のモデル

通信（communication）とは，図4-1に示すように情報をA地からB地へ伝送（伝達ともいう）することをいいます．この場合，二つの重要な条件があります．それは「正確に」ということと，「高速に」ということです．この二つの条件を両立させる必要があります．いかに正確であっても我慢できないくらい低速であっては使い物になりませんし，逆にいかに高速であっても間違いだらけというのでもまた使い物になりません．通信理論の目的はこの二つの条件を両立させることといっても過言ではないでしょう．無論，この二つの条件は技術的な面だけからの条件であって，社会的にはさらに「安価に」とか「誰

図4-1　通信とは

にでも」「いつでも」「どこででも」というような条件があることはいうまでもありません.

　図4-2に,シャノンの提案した通信系のモデルをブロック図で示します.**情報源**（information source）で発生した**通報**または**メッセージ**（message）は**符号器**（encoder）により**符号語**（codeword）に変換されます.この過程を**符号化**（encoding）と呼びます.符号語は**通信路**（channel）に送られますが,通信路には必ず**雑音**（noise）が存在するため,符号語がそのまま**受信語**（received word）となるわけではありません.受信語は**復合器**（decoder）で元のメッセージに復元され,**受信者**（receiver）に届きます.この過程を**復号**（decoding）と呼びます.符号器の中では**情報源符号化**（source coding）と**通信路符号化**（channel coding）が行われ,復合器の中では**通信路復号**（channel decoding）と**情報源復号**（source decoding）が行われます.

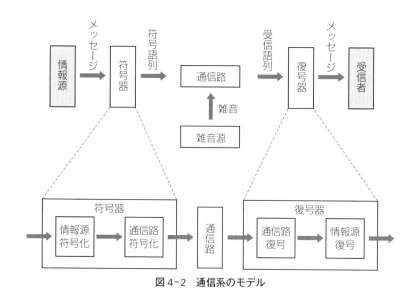

図4-2　通信系のモデル

　シャノンは,情報伝送における情報理論の中心的課題として次を掲げています.
① 通信系において伝送すべき情報の量を明らかにすること
　　・情報源の発生情報量を明確にすること
　　・通信路の情報伝送能力を明確にすること

② 具体的な情報交換操作の考案
　　・送受信機における情報の符号化法と復号法の考案

談話室

シャノンはどんな人？

　シャノン（Claude Elwood Shannon, 1916-2001）は米国の天才的な数理
工学者で，情報理論の始祖というべき学者です．通信理論，符号理論，暗号理論
などすべてシャノンの情報理論の中に含まれています．今日頻繁に使われている
ビットという単位もシャノンが命名したものです．シャノンが情報理論の論文を
書く以前にした仕事の一つに，命題と電気のスイッチ回路の関係があります．

　　　命題 p：スイッチ p は閉じている
　　　命題 q：スイッチ q は閉じている

としたとき，命題「p または q」は並列スイッチに対応し，命題「p かつ q」は直
列スイッチに対応することを 1938 年に発見しました．いまから見ると当たり
前のことですが，当時としては新しいことだったのです．シャノンが情報理論の
基礎を築いたのは，その 10 年後の 1948 年に発表した論文「通信の数学理論」
（C. E. Shannon：“A Mathematical Theory of Communication”, *Bell
System Technical Journal*, Vol. **27**, pp. 379-423, pp. 623-656, 1948）
であり，通信と情報に関する一大理論は世界の研究者に大きなインパクトを与え，
さまざまな栄誉ある賞を受けました．この論文は翌 1949 年にウィーバーの解
説付きで単行本（C. E. Shannon and W. Weaver：“The Mathematical
theory of Communication”, Univ. Illinois Press, 1949）となりました．邦訳
本（長谷川淳，井上光洋訳：“コミュニケーションの数学的理論（第 3 版）”，明治
図書，1977）もありますので，図書館で探せば読むことができるでしょう．

　シャノンは 1916 年 4 月 30 日，ミシガン州で生まれ，ミシガン大学卒業後，
MIT（マサチューセッツ工科大学）で研究を続け，プリンストン大学研究員を経
て 1941 年，ベル研究所（BTL）に就職しました．その後，1957 年に MIT の情
報科学の教授となりました．BTL は 1958 年に退職し，晩年は名誉ある科学の
ドナー記念教授職に就任しました．シャノンの容貌は文献 [23] のグラビアに写
真が載っています．私は会ったことはありませんがこの写真で見る限り，ハリ
ウッドの映画俳優のような二枚目です．

4-2 情報源のモデル化

　本書では2進数の説明から始まっていることから，いうまでもないことですが，情報源としてはディジタル情報源を対象にしています．ディジタル情報源の出力は2進数の組合せで表現できるものとして，基本的には0〜9の数値，アルファベットなどの文字，＋や＝などの記号があります．無論，これらは初期のディジタル情報源の話で，現在のマルチメディア時代においては，アルファベットだけではなく漢字など，世界中のあらゆる文字が取り扱えますし，音声，画像，映像など，およそ世の中の情報といえるものは，ほとんどディジタル表現できるようになりました．現在，まだ十分にディジタル表現できない情報といえば，味や匂いだけかもしれません．しかし，この章では，簡単のためにとりあえず，数値，文字，記号など，有限な種類の情報だけを対象にしておきます．

　いま，**情報源アルファベット** S を

$$S = \{s_1, s_2, \cdots, s_M\} \tag{4-1}$$

とします．各 s_i は**情報源記号**といいます．ただし，ここでいうアルファベットとは，英字の A〜Z というような限定した意味ではなく，もっと一般的な記号集合という意味です．つまり，s_1〜s_M の情報源記号は，数字の0〜9でもよいし，カナのア〜ンでもよいのです．あるいは2元アルファベットとして $\{0, 1\}$ でもよいのです．**情報源のモデル化**とは，情報源記号 s_i がいかなる法則の下に発生するかを明確にすることをいいます．これには確率モデルを用いて考察を行います．

■1 マルコフ情報源

　情報源には次の2種類の情報源があります．

（1）記憶のない情報源（memoryless source）

　s_i が互いに統計的に独立に発生する情報源です．例えば，サイコロを10回続けて振る場合の目の出方です．この場合は，1回目にどの目が出たから2回目はどの目が出やすい，あるいは出にくいなどということはまったくありません．その前にどの目が出ようと，次に出る目にはまったく関係がありません．

（2）記憶のある情報源（source with memory）

　s_i の生起に統計的依存性がある情報源です．例えば，英語の文字列を考えてみ

ると，"t" の後には "h" がくる確率が非常に高いのです．これは "the"，"this"，"that" などがよく使われるからです．"q" の後はほぼ "u" と決まっています．"question" などです．このように，前に何があったかということで次にくるものが影響を受けるような情報源をいいます．記憶のある情報源のことをとくに**マルコフ情報源**（Markov source）といいます．マルコフ（A. A. Markov, 1856-1922）はロシアの数学者です．なお，Markov はロシア式のつづりですが，アメリカ式の Markoff というつづりで記してある本もあります．

　情報源には以上のような 2 種類がありますが，ここではとくに後者のマルコフ情報源について勉強します．マルコフ情報源の定義は

「過去の有限個の記号の生起が次の記号の生起に影響する情報源」

ということです．**図 4-3** に示すように，過去の m 個の記号に依存して s_i が生起する情報源を **m 重マルコフ情報源**（m-th order Markov source）といいます．とくに $m = 1$ のとき，つまり直前の 1 個のみに依存する場合を**単純マルコフ情報源**（simple Markov source）といいます．

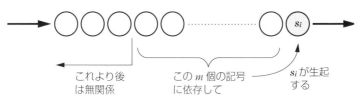

これより後
は無関係

この m 個の記号
に依存して

s_i が生起
する

図 4-3　m 重マルコフ情報源

2 遷移確率行列と状態遷移図

　$m = 2$ の場合，すなわち二重マルコフ情報源を考えてみましょう．S は 2 元アルファベット

$$S = \{0, 1\} \tag{4-2}$$

とします．すなわち，**図 4-4** に示すように，二つ前の s_i と一つ前の s_j の二つの記号に依存して次の s_k が生起するとします．記号 s_k の生起確率を次のように表します．

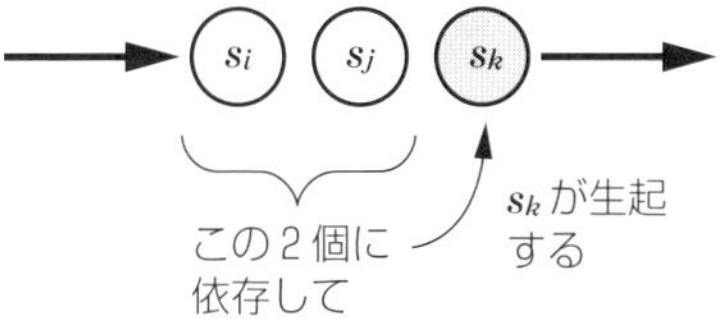

この 2 個に
依存して

s_k が生起
する

図 4-4　二重マルコフ情報源

$$p(s_k \mid s_i, \ s_j) \qquad\qquad (4\text{-}3)$$

③ ① ② ← この順で発生

2元アルファベットなので，以下の8種類の組合せが考えられます．

$$p(0 \mid 00), \quad p(0 \mid 01), \quad p(0 \mid 10), \quad p(0 \mid 11)$$
$$p(1 \mid 00), \quad p(1 \mid 01), \quad p(1 \mid 10), \quad p(1 \mid 11)$$

これをもう少し拡張して，二つのアルファベットの組合せを一つの状態として考えます．すると次の四つの状態 $q_1 \sim q_4$ が考えられます．

$$q_1 = (0, \ 0), \quad q_2 = (0, \ 1), \quad q_3 = (1, \ 0), \quad q_4 = (1, \ 1)$$

これら四つの状態は互いに次々と入れ換わっていきますが，ある状態から次の状態へと変化することを**遷移**といい，そのときの確率を，状態間の**遷移確率**（transition probability）と呼び，次のように表します．

$$p_{ij} = p(q_j \mid q_i) \qquad\qquad (4\text{-}4)$$

これは，｜（縦棒）の後ろの状態 q_i から前の状態 q_j に遷移する確率を表します．

いま四つの状態を考えていますから，p_{ij} は p_{11} から p_{44} まであります．これを行列の形に表すと

$$P = \begin{bmatrix} p_{11} & p_{12} & p_{13} & p_{14} \\ p_{21} & p_{22} & p_{23} & p_{24} \\ p_{31} & p_{32} & p_{33} & p_{34} \\ p_{41} & p_{42} & p_{43} & p_{44} \end{bmatrix}$$

$$(4\text{-}5)$$

となります．これを，**遷移確率行列**（transition probability matrix）と呼びます．遷移確率行列と同じ意味をもつもので図に表す方法もあります．

図 4-5 に示すようなもので，これを，**状態遷移図**（state transition diagram）と呼びます．**シャノン線図**（Shannon diagram）と呼ぶ場合もあります．これらは同じ内容を表しているわけですが，そのときの用途に応じ

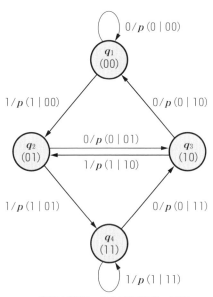

意味：状態 q のときに確率 p で記号 s が生起し，矢印の状態へ移る

図 4-5 状態遷移図

て適したほうを使えばよいわけです.

❸ エルゴード性について

ところで, マルコフ情報源において通常の情報源のモデルとして用いるには具合の悪い場合があります. それは次の二つの場合です.

① 図4-6 の例に示すように, ある特定の状態に入り込んだらそこから抜け出ることができない(**吸収的**という)ような場合や, さらに, どの状態から出発したかという初期値がその後の状態遷移に影響してくる場合です.

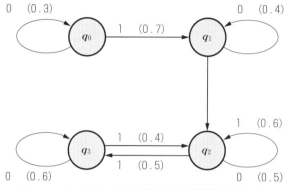

図4-6　非エルゴード的情報源(消散状態部分がある)

状態遷移が初期値に影響を受けるのは好ましいことではありません.

ある特定の状態に入り込んだらそこから抜け出ることができないような場合は, それ以外の部分は状態遷移図として事実上意味をもたないことになりますので, **消散状態部分**(transient state part)といいます.

② 図4-7 の例に示すように, 同じパターンの遷移を繰り返すような場合, つまり, 状態遷移に周期性がみられる場合です.

好ましいマルコフ情報源の条件としては, 消散状態部分をもたず, 状態遷移が初期値

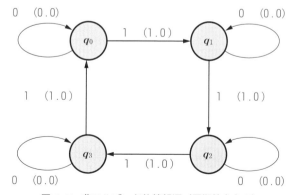

図4-7　非エルゴード的情報源(周期性をもつ)

に依存せず, また周期性をもたないことです. つまり, どの状態から出発しても, どの状態にも遷移する可能性があり, 周期性をもつことなく, その情報源の統計

的性質をよく反映した状態遷移をする可能性が要求されるのです．このような性質を**エルゴード性**（ergodic property）といいます（ergodic は人名に由来する言葉ではなく，数学用語の形容詞）．エルゴード性をもったマルコフ情報源を**エルゴード的マルコフ情報源**（ergodic Markov source）または単に**エルゴード情報源**（ergodic source）といいます．

　エルゴード情報源においてはすべての状態に遷移する可能性があることはいうまでもありませんが，かといって各状態の発生確率は一様ではありません．起きやすい状態もあれば起きにくい状態もあります．各状態の発生する確率を**定常状態確率**（stationary state probability）または**定常確率**（stationary probability）といいます．いま，N 個の状態 $q_1 \sim q_N$ をもつエルゴード情報源において，状態 q_j の定常確率を $P(q_j)$ とすると，$P(q_j)$ の総和は 1 ゆえ

$$\sum_{j=1}^{N} P(q_j) = 1 \tag{4-6}$$

となります．また，$P(q_j)$ はそこへ遷移する前の状態 q_i の定常確率 $P(q_i)$ と上記の遷移確率 p_{ij} との積の和ですから

$$\sum_{i=1}^{N} p_{ij} P(q_i) = P(q_j) \tag{4-7}$$

となります．

Example

0　(0.7)　　　　　　　　　　　　1　(0.9)

1　(0.3)

q_0　　　　　　q_1

0　(0.1)

図 4-8　2 元記号のエルゴード的単純マルコフ情報源

　図 4-8 の場合，式(4-6)より

$$P(q_0) + P(q_1) = 1 \tag{4-8}$$

式(4-7)より

$$0.7P(q_0) + 0.1P(q_1) = P(q_0) \tag{4-9}$$

$$0.3P(q_0) + 0.9P(q_1) = P(q_1) \tag{4-10}$$

となりますが，式(4-9)と(4-10)は等価です．それで式(4-8)と式(4-9)を解くと，各定常確率は

$$P(q_0) = \frac{1}{4}, \quad P(q_1) = \frac{3}{4}$$

となります.

4 情報源の発生情報量

情報源からどれくらいの情報量が発生するかということを考えてみましょう.

（1）記憶のない情報源のエントロピー

いま，情報源記号を $s_i (i = 1 \sim M)$，生起確率を $p(s_i)$ とします．一つの記号のもつエントロピーは

$$H(S) = - \sum_{i=1}^{M} p(s_i) \log_2 p(s_i) \quad 〔\text{bit/記号}〕 \tag{4-11}$$

1秒間に k 個の記号が発生するとすれば，1秒当たりのエントロピーは

$$H'(S) = kH(S) \quad 〔\text{bit/sec}〕 \tag{4-12}$$

となります.

（2）マルコフ情報源のエントロピー

状態 q_j の下での s_i の生起確率を $p(s_i \,|\, q_j)$ とすると，q_j の下でのエントロピーは

$$H(S \,|\, q_j) = - \sum_{i=1}^{M} p(s_i \,|\, q_j) \log_2 p(s_i \,|\, q_j) \quad 〔\text{bit}〕 \tag{4-13}$$

m 重マルコフ情報源における状態の種類の数は，記号 s_i^k の種類が M 個あり，それが m 個並んでいるから

$$M \times M \times \cdots \times M = M^m \quad 〔個〕$$

となります.ゆえに1記号当たりのエントロピーはその平均をとって

$$H(S) = \sum_{j=1}^{M^m} p(q_j) H(S \,|\, q_j) \tag{4-14}$$

$$= - \sum_{j=1}^{M^m} p(q_j) \sum_{i=1}^{M} p(s_i \,|\, q_j) \log_2 p(s_i \,|\, q_j)$$

$$= - \sum_{j=1}^{M^m} \sum_{i=1}^{M} p(q_j, \ s_i) \log_2 p(s_i \,|\, q_j) \quad 〔\text{bit/記号}〕 \tag{4-15}$$

となります.

もう少し簡単な場合として，図4-8のような出力が2元{0, 1}の一重マルコフ情報源のエントロピーを求めてみます．定常確率を $P(q_0)$，$P(q_1)$ とすると，情報 q_0 にあるときは，0または1を確率0.7と0.3で発生する記憶のない情報源と同じであり，そのエントロピーは $\mathcal{H}(0.3)$ で与えられます．状態 q_1 にあるときは，

0 または 1 を確率 0.1 と 0.9 で発生する記憶のない情報源と同じであり，その
エントロピーは $\mathcal{H}(0.1)$ で与えられます．ですから，この情報源全体のエントロ
ピーは，それらの定常確率とエントロピーの積和として次のように求められます
（169 ページ，付録 1 参照）．

$$H(S) = P(q_0)\mathcal{H}(0.3) + P(q_1)\mathcal{H}(0.1)$$
$$= 1/4 \times 0.8813 + 3/4 \times 0.4690 = 0.5721 \quad \text{〔bit〕} \qquad (4\text{-}16)$$

4-3　通信路のモデルと通信路容量

　本書で取り扱う情報はすべてディジタル情報です．ディジタル情報を運ぶこと
をディジタル通信といいます．通信を行うには遠隔地どうしを結ぶ電線や光ファ
イバ，あるいは無線の場合は電波が必要ですが，それらをひっくるめて**通信路**と
いいます．通信路という言葉は情報理論でよく使われる言葉ですが，実際の技術
現場では，同じような意味で**通信回線**といういい方のほうが使われています．

　ディジタル通信の通信路のことを**離散通信路**（discrete channel）といいます.
「離散」の反対は「連続」で，これは主にアナログ通信の場合に使われますが，本
書では扱いません．

■ 通信路行列と通信路線図

　離散通信路のモデルは**図 4-9**
のように示すことができます．こ
の図でいう**アルファベット**とは，
前にも説明しましたが，英字の
A〜Z という狭い意味ではなく，
記号の集合という意味です．この
ように送信アルファベットの数が
n 個の通信路を **n 元通信路**といい
ます．

　雑音のない理想的な環境では，
送信アルファベットがそのまま受

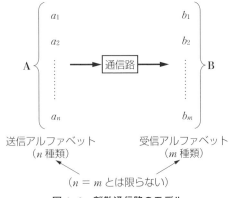

図 4-9　離散通信路のモデル

信アルファベットになるので，$n = m$ のはずなのですが，実際には雑音があるの

で，途中である記号が消えてしまったりして受信アルファベットのほうが少なくなったり，途中で雑音でおかしな記号ができてしまって受信アルファベットのほうが多くなったりすることもあり得ます．したがって，$n = m$ とは限らないのです．

通信路の性質を次のような条件付き確率で表すことができます．

$p(b_j \mid a_i)$ $(i = 1 \sim n, \ j = 1 \sim m)$

a_i を送信したときに，

b_j が受信される条件付き確率

この $p(b_j \mid a_i)$ を簡単のために p_{ij}（i と j の前後が入れ換わっていることに注意）と書くと，次のような $n \times m$ の行列が得られます．

$$\boldsymbol{P} = \begin{bmatrix} p_{11} & p_{12} & \cdots & p_{1m} \\ p_{21} & p_{22} & \cdots & p_{2m} \\ \vdots & \vdots & \ddots & \vdots \\ \vdots & \vdots & \ddots & \vdots \\ p_{n1} & p_{n2} & \cdots & p_{nm} \end{bmatrix} \ \boldsymbol{n}\ \text{行} \tag{4-17}$$

$\boldsymbol{m}$ 列

これを，**通信路行列**（channel matrix）と呼びます．すなわち，行方向を構成する n 行が送信アルファベットの種類を表し，列方向を構成する m 列が，受信アルファベットの種類を表しています．前述したように雑音がないときは

$n = m$　かつ

$$p_{ij} = \begin{cases} 1 & (i = j) \\ 0 & (i \neq j) \end{cases} \tag{4-18}$$

すなわち，通信路行列 $\boldsymbol{P}$ は $n \times n$ の単位行列となります．

通信路行列を**図 4-10** のように図で表すこともできます．これを，**通信路線図**（channel diagram）と呼びます．

以下に最も基本的な通信路を三つ示します．

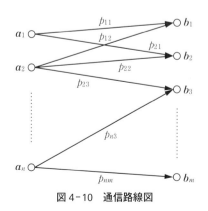

図 4-10　通信路線図

（1）2元対称通信路（BSC, binary symmetric channel）

次のような通信路行列 P で表される2元通信路です．ε は雑音による誤りの発生率で，**ビット誤り率**（bit error rate）や**エレメント誤り率**（element error rate）と呼ばれますが，以降は簡単に**誤り率**と呼ぶことにします（$0 \leqq \varepsilon < 1/2$）．$\varepsilon$ の具体的な値は通信路によって異なりますが，一般的には $10^{-1}\sim10^{-10}$ 程度の値です．

$$P = \begin{bmatrix} 1-\varepsilon & \varepsilon \\ \varepsilon & 1-\varepsilon \end{bmatrix} \tag{4-19}$$

通信路線図で書くと**図4-11**になります．この図を見るとわかりますが，0と1を入れ換えると上下が対称になっていますので，このような名前で呼ばれます．なお，2元を n 元に一般化した形を，**n 元対称通信路**（n SC）と呼びます．

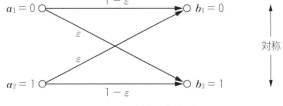

図4-11 2元対称通信路（BSC）

（2）2元非対称通信路（BAC, binary asymmetric channel）

次のような通信路行列 P で表される2元通信路です．つまり，1は常に正しく1と受信されるが，0は確率 ε で1に誤る可能性のある通信路です．ε は BSC と同じ誤り率です．

$$P = \begin{bmatrix} 1-\varepsilon & \varepsilon \\ 0 & 1 \end{bmatrix} \tag{4-20}$$

この BAC は，半導体メモリや光磁気記憶のモデルとして近年注目されている通信路モデルです．通信路線図で書くと**図4-12**になります．

（3）2元消失通信路

（BEC, binary erasure channel）

一般の通信路では，ある一つの送信アルファベット a_i が送信されると，受信側ではそれをあ

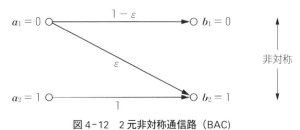

図4-12 2元非対称通信路（BAC）

る一つの受信アルファベット b_j に解釈します. しかし, これ以外に「判定不能」, つまり「どの受信アルファベットと解釈すればよいのかわからない」という状態を設定した通信路を, **消失通信路** (erasure channel) といいます. これ

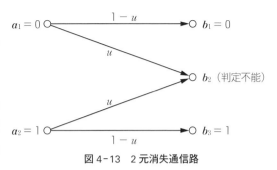

図 4-13 2元消失通信路

は実際に受信した信号が弱かったり, 非常に雑音に汚されていたような場合には有効な解釈方法といえます. これは人間が紙に書かれた文字を読むときにたとえれば, インクがにじんでしまったり逆にかすれてしまったりして読めない文字に相当します. とくに2元通信路のときを2元消失通信路と呼び, その通信路行列 $\bm{P}$ は次のように表せます. ただし, この場合は $0 \to 1$ および $1 \to 0$ の誤りはないものとしています (誤りがある場合も簡単に書けます. 章末問題参照のこと). また, 通信路線図は**図 4-13** のようになります.

$$\bm{P} = \begin{bmatrix} 1-u & u & 0 \\ 0 & u & 1-u \end{bmatrix} \tag{4-21}$$

ただし, u：判定不能率 $(0 \leqq u \leqq 1)$

2 通信路容量とは

前章で相互情報量 $I(A ; B)$ を次のように定義しました.

$$I(A ; B) = H(A) - H(A \mid B) \tag{4-22}$$

この式で, A, B はともに抽象的な事象系として考察を行ったわけです. しかし, ここでは事象系ではなく, 通信路モデルに当てはめて考えてみましょう. A を送信アルファベットの集合 $\{a_1, a_2, \cdots, a_n\}$, B を受信アルファベットの集合 $\{b_1, b_2, \cdots, b_m\}$ と考えてみます. すなわち

$$\begin{array}{ccc} \text{送信信号} & \longrightarrow & \text{受信信号} \\ A & & B \end{array}$$

という状況において, この A から B に至る間に得られた情報量は, **平均相互情報量** となります. すなわち, 「受信系列 B を受け取ることによる送信系列 A についての知識の不確定さの減少の度合」を表しています. 無論, 雑音のない理想的

な条件下では，B はそっくりそのまま A であると信じられるので，不確定さはなくなってしまうのですが，雑音がある場合には，B がそっくりそのまま A であると信じることはできないので，A に関する知識の不確定さは 0 になったとはいえずに，減少したとしかいえません．その減少の度合が式（4-22）で表される相互情報量であり，このときとくにこの $I(A；B)$ を通信路の**伝送情報量**（trans-information）と呼びます．つまり，同じ $I(A；B)$ でも確率や事象を議論する情報理論という観点からみると相互情報量であり，送信や受信を議論する通信理論という観点からみると伝送情報量と名前が変わります．すなわち $I(A；B)$ は二つの名前をもつわけです．

$I(A；B)$ の定義式より

$$I(A；B) = \sum_i \sum_j p(a_i,\ b_j) \log_2 \frac{p(a_i,\ b_j)}{p(a_i)p(b_j)} \tag{4-23}$$

ここで

$$p(a_i,\ b_j) = p(b_j \,|\, a_i)p(a_i) \tag{4-24}$$

$$p(b_j) = \sum_i p(a_i,\ b_j) = \sum_j p(b_j \,|\, a_i)p(a_i) \tag{4-25}$$

によって，$p(a_i)$ と $p(b_j \,|\, a_i)$ がわかれば $I(A；B)$ は計算できます．しかるに，$p(a_i)$ は送信記号の生起確率であり，$p(b_j \,|\, a_i)$ は通信路行列そのものです．したがって，$I(A；B)$ は計算可能といえます．

簡単な例として，BSC（2 元対称通信路）でこの伝送情報量 $I(A；B)$ を求めてみましょう．BSC において記号 0 と 1 の生起確率を

$$p(0) = p,\ p(1) = 1 - p \quad (0 \leqq p \leqq 1) \tag{4-26}$$

とします．通信路行列 $\boldsymbol{P}$ は次のようになります．

$$\boldsymbol{P} = \begin{bmatrix} p(0\,|\,0) & p(1\,|\,0) \\ p(0\,|\,1) & p(1\,|\,1) \end{bmatrix} = \begin{bmatrix} 1 - \varepsilon & \varepsilon \\ \varepsilon & 1 - \varepsilon \end{bmatrix} \tag{4-27}$$

（ただし，ε は誤り率で，$0 \leqq \varepsilon < 1/2$）

これらより，$p(b_j)$ を求めます．

$$p(b_j = 0) = \underbrace{p(1 - \varepsilon)}_{0 \to 0 \text{の確率}} + \underbrace{(1 - p)\varepsilon}_{1 \to 0 \text{の確率}}$$

$$= p - p\varepsilon + \varepsilon - p\varepsilon$$

$$= 1 - \{\underbrace{p\varepsilon + (1 - p)(1 - \varepsilon)}_{\text{これを } v \text{ とする}}\}$$

$$= 1 - v \tag{4-28}$$

同様にして

$$p(b_j = 1) = \underbrace{p\varepsilon}_{0 \to 1 \text{ の確率}} + \underbrace{(1 - p)(1 - \varepsilon)}_{1 \to 1 \text{ の確率}} = v \tag{4-29}$$

ところで

$$I(A \, ; \, B) = H(A) - H(A \,|\, B)$$
$$= H(B) - H(B \,|\, A) \tag{4-30}$$

しかるに

$$H(B) = - \sum_j p(b_j) \log_2 p(b_j)$$
$$= - (1 - v) \log_2 (1 - v) - v \log_2 v$$
$$= \mathcal{H}(v) \ \cdots\cdots \ \text{エントロピー関数} \tag{4-31}$$

$$H(B \,|\, A) = - \sum_i \sum_j p(b_j, \ a_i) \log_2 p(b_j \,|\, a_i)$$
$$= - \sum_i \sum_j p(b_j \,|\, a_i) p(a_i) \log_2 p(b_j \,|\, a_i)$$
$$= - p(b_1 \,|\, a_1) p(a_1) \log_2 p(b_1 \,|\, a_1)$$
$$\quad - p(b_1 \,|\, a_2) p(a_2) \log_2 p(b_1 \,|\, a_2)$$
$$\quad - p(b_2 \,|\, a_1) p(a_1) \log_2 p(b_2 \,|\, a_1)$$
$$\quad - p(b_2 \,|\, a_2) p(a_2) \log_2 p(b_2 \,|\, a_2)$$
$$= - p_{11} p \log_2 p_{11} - p_{21}(1 - p) \log_2 p_{21}$$
$$\quad - p_{12} p \log_2 p_{12} - p_{22}(1 - p) \log_2 p_{22}$$
$$= - (1 - \varepsilon) p \log_2 (1 - \varepsilon) - \varepsilon (1 - p) \log_2 \varepsilon$$
$$\quad - \varepsilon p \log_2 \varepsilon - (1 - \varepsilon)(1 - p) \log_2 (1 - \varepsilon)$$
$$= \{ - \varepsilon (1 - p) - \varepsilon p \} \log_2 \varepsilon$$
$$\quad + \{ - (1 - \varepsilon) p - (1 - \varepsilon)(1 - p) \} \log_2 (1 - \varepsilon)$$
$$= (- \varepsilon + \varepsilon p - \varepsilon p) \log_2 \varepsilon$$
$$\quad + (- p + \varepsilon p - 1 + p + \varepsilon - \varepsilon p) \log_2 (1 - \varepsilon)$$
$$= - \varepsilon \log_2 \varepsilon - (1 - \varepsilon) \log_2 (1 - \varepsilon)$$
$$= \mathcal{H}(\varepsilon) \ \cdots\cdots \ \text{エントロピー関数} \tag{4-32}$$

したがって，式(4-31)，(4-32)を式(4-30)に代入して

$$I(A ; B) = \mathcal{H}(v) - \mathcal{H}(\varepsilon)$$

$$= \mathcal{H}\{p\varepsilon + (1 - p)(1 - \varepsilon)\} - \mathcal{H}(\varepsilon) \quad \text{〔bit/記号〕} \qquad (4\text{-}33)$$

とくに $p = 1/2$ のとき

$$I(A ; B) = \mathcal{H}\left(\frac{1}{2}\right) - \mathcal{H}(\varepsilon)$$

$$= 1 - \mathcal{H}(\varepsilon) \quad \text{〔bit/記号〕} \qquad (4\text{-}34)$$

となります．すなわち，BSC において 0 と 1 が等確率で発生する場合，伝送情報量 $I(A ; B)$ は 1 から誤り率 ε のエントロピー関数を引いたものとなります．前述したように，エントロピー関数は両端が 0 の釣り鐘型のグラフなので，ε が 0 または 1 のときは 0 となり，伝送情報量は 1 となります．ε が 0.5 のときはエントロピー関数は 1 となるので，伝送情報量は 0 となります．つまり，誤り率 ε が 0.5 ということは，受信した記号が 0 か 1 かの判断がまるきりつかないので，実質的には何も送信していないのと変わらない状況ということです．

　まったく同様にして，2 元消失通信路の伝送情報量は

$$I(A ; B) = (1 - u)\mathcal{H}(p) \quad \text{〔bit/記号〕} \qquad (4\text{-}35)$$

となります．証明は各自で試みてください（巻末演習問題【37】参照のこと）．

　一般に M 個の送信信号 $a_i (i = 1 \sim M)$ をもつ通信路において，各記号の生起確率 $p_i (i = 1 \sim M)$ に関する伝送情報量の最大値

$$C = \max_{p_i} I(A ; B) \qquad (4\text{-}36)$$

を **通信路容量**（channel capacity）と呼びます．単位は〔bit/記号〕（または〔bit/symbol〕）です．もっと厳密に〔bit/通信路記号〕という場合もあります．通信路容量の具体的な解釈としては，与えられた通信路を通して，送信記号の生起確率 p_i をうまく調整して，一つの受信記号で得ることのできる送信記号に関する伝送情報量の最大値を表しています．すなわち，送信記号の生起確率 p_i に関係しています．いい換えれば，その通信路を最も効率的に使った場合，一つの受信記号当たりどれだけの情報量が平均して得られるかを表しています．

　なお，通信路容量を単位時間当たりに送れる最大の伝送情報量という意味で，〔bit/sec〕（〔bps〕）の単位で定義する場合もあり，こちらのほうがネットワークなどの実際の現場ではよく使われており，なじみが深いと思います．この場合は単位時間，つまり 1 秒間に伝送することのできる最大限の情報量を意味します．ど

ちらでも本質的には同じことなのですが，本書では混同を避けて両者を区別する
ために，前者を**記号単位の通信路容量**，後者を**時間単位の通信路容量**と呼ぶこと
にします．記号単位の通信路容量〔bit/記号〕から時間単位の通信路容量〔bit/sec〕
への変換は，1記号当たりの伝送時間がどの記号もすべて等しく，例えば t 秒で
ある場合は簡単で，C〔bit/記号〕から，C'〔bit/sec〕への変換は

$$C' = \frac{C}{t} \quad \text{〔bit/sec〕} \tag{4-37}$$

となります．しかし，各記号の伝送時間が等しくない場合は，以下のような計算
が必要となります．いま，送信記号を $a_1, a_2, \cdots, a_M$ とし，各記号の生起確率を
$p_1, p_2, \cdots, p_M$，各記号の伝送時間を $t_1, t_2, \cdots, t_M$ とします．このとき，平均伝
送時間は

$$\tau = \sum_{i=1}^{M} p_i t_i \tag{4-38}$$

となります．この平均伝送時間 τ と，伝送情報量 $I(A ; B)$ を使って次のように
伝送速度（transmission rate）R を定義します．

$$R = \frac{I(A ; B)}{\tau} \tag{4-39}$$

この伝送速度 R の，各記号の生起確率 p_i に関する最大値が，次式のように時間
単位の通信路容量 C' になります．

$$C' = \max_{p_i} R \tag{4-40}$$

時間単位の通信容量 C' の，式(4-40)と異なる定義式として

$$C' = \lim_{T \to \infty} \frac{\log_2 N(T)}{T} \quad \text{〔bit/sec〕} \tag{4-41}$$

という定義式を書いてある本もあります．ここで，T は符号系列の時間長で，
$N(T)$ はつくり得る異なった系列の種類数です．T を ∞ にした極限値を C' とし
て定義してあります．しかし，こちらの定義は式(4-40)と比べるとわかりにくい
ので，本書では使っていません．

　ここで混乱しないために，これまでに学んだ言葉を順に整理してみると，次の
ようになります．

① 生起確率の小さい情報ほど，聞いたときの驚きが大きいということから，生起確率の逆数（1/生起確率）を情報の大きさとして把握

② 情報の量を数学的に取り扱いやすいように定量化するために，2を底とする対数を用いて，自己情報量 = $\log_2$(1/生起確率) と定義

③ 自己情報量に生起確率を乗じて平均値を求めたものを平均情報量，すなわちエントロピーと定義．エントロピー = $\sum$(確率) × (自己情報量)

④ エントロピーが最大になるのは，すべての事象の生起確率が均一のとき

⑤ 通信の概念を導入し，相互情報量を伝送情報量と定義

⑥ 伝送情報量（または伝送速度）の最大値を通信路容量と定義

❸ 通信路容量の計算

通信路容量の計算は一般的には簡単ではありません．それだけで研究論文の対象になるくらい高度であり，誰々の方法といったふうに名づけられている計算手法もあります[4]．しかし，特別な場合は割合，簡単に計算できます．そのいくつかを紹介します．

（1）記号単位の通信路容量の場合

（a）2元対称通信路 （BSC）

BSC においては送信記号の生起確率 $p = 1/2$ のとき，伝送情報量 $I(A；B)$ は最大になります．ゆえに式(4-34)，式(4-36)より

$$C = \mathcal{H}\left(\frac{1}{2}\right) - \mathcal{H}(\varepsilon)$$

$$= 1 - \mathcal{H}(\varepsilon)$$

〔bit/記号〕　　(4-42)

となります．これをグラフで表すと，**図4-14** のようになります．

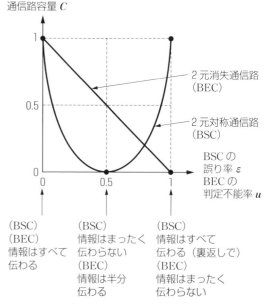

通信路容量 C

2元消失通信路（BEC）

2元対称通信路（BSC）

BSC の誤り率 ε
BEC の判定不能率 u

(BSC)(BEC)
情報はすべて伝わる

(BSC)
情報はまったく伝わらない
(BEC)
情報は半分伝わる

(BSC)
情報はすべて伝わる（裏返しで）
(BEC)
情報はまったく伝わらない

図4-14　BSC と BEC における誤り率と通信路容量の関係

（b）2元消失通信路（BEC）

BEC においては，式(4-35)で送信記号の生起確率 $p = 1/2$ のとき，伝送情報量 $I(A；B)$ は最大になります．ゆえに，式(4-35)，式(4-36)より

$$C = (1 - u)\mathscr{H}\left(\frac{1}{2}\right) = 1 - u \quad 〔\text{bit/記号}〕 \tag{4-43}$$

となります．これをグラフで表すと，**図4-14**のように直線になります．

（c）一様通信路

上記の BSC と BEC はごく簡単なモデルでしたが，もう少し一般的な通信路のモデルでも通信路容量が簡単に計算可能なものがあります．それは以下に述べる**一様通信路**（uniform channel）と呼ばれるモデルで，通信路が簡単に計算できる最も重要なモデルといえます．次のような通信行列を考えます．

$$\boldsymbol{P} = \begin{bmatrix} p_{11} & p_{12} & \cdots & p_{1m} \\ p_{21} & p_{22} & \cdots & p_{2m} \\ \vdots & \vdots & \ddots & \vdots \\ \vdots & \vdots & \ddots & \vdots \\ p_{n1} & p_{n2} & \cdots & p_{nm} \end{bmatrix} \tag{4-44}$$

ここで，$p_{ij} = p(b_j \mid a_i)$ とします．この通信路行列 $\boldsymbol{P}$ が「いかなる行も第1行の要素を並べ換えたものであり，かつ，いかなる列も第1列の要素を並べ換えたもの」であるとき，この通信路は**一様通信路**であるといいます．まず，この通信路の伝送情報量を求めてみます．式(4-22)，式(3-27)より

$$I(A；B) = H(A) - H(A \mid B)$$

$$= H(B) - H(B \mid A)$$

$$= H(B) - \sum_{i=1}^{n} p(a_i) \sum_{j=1}^{m} p(b_j \mid a_i) \log_2 \frac{1}{p(b_j \mid a_i)} \tag{4-45}$$

ここで，第2項の j に関する総和は，通信路行列 $\boldsymbol{P}$ の第 i 行の各要素の a_i に対しての総和です．一様通信路では，この和はどの i であっても同じで i に依存しません．前の $\sum$ と後ろの $\sum$ は独立で，前の $\sum$ は1となります．したがって

$$I(A；B) = H(B) - \sum_{j=1}^{m} p(b_j \mid a_i) \log_2 \frac{1}{p(b_j \mid a_i)} \tag{4-46}$$

となります．この式において，第2項は送信記号の生起確率 $p(a_i)$ とは無関係になりますから，左辺 $I(A；B)$ を最大にするには，第1項の $H(B)$ を最大にすれ

ばよいことになります．ここで受信記号数は m 個ですから，$H(B)$ は，それらの受信記号 b_j の生起確率がすべて等確率のときに最大値 $\log_2 m$ となります．また，一般的な通信路では，受信記号の生起確率が等確率になるような送信記号の分布が存在するという保証はありませんが，一様通信路においては送信記号が等確率ならば，受信記号も等確率になることが証明されています．したがって，一様通信路の通信路容量 C は式(4-46)の最大値として

$$
\begin{aligned}
C &= \log_2 m - \sum_{j=1}^{m} p(b_j \mid a_i) \log_2 \frac{1}{p(b_j \mid a_i)} \\
&= \log_2 m + \sum_{j=1}^{m} p(b_j \mid a_i) \log_2 p(b_j \mid a_i) \\
&= \log_2 m + \sum_{j=1}^{m} p_{ij} \log_2 p_{ij} \tag{4-47}
\end{aligned}
$$

となります．

Example

$n = m$ として，n 元対称通信路（n SC）を考えます．通信路行列は次式のような正方行列で表されます．誤り率はすべて ε です．これより n SC は一様通信路であることは明らかです．

$$
\boldsymbol{P} = \begin{bmatrix}
1-\varepsilon & \frac{\varepsilon}{n-1} & \frac{\varepsilon}{n-1} & \cdots & \frac{\varepsilon}{n-1} \\
\frac{\varepsilon}{n-1} & 1-\varepsilon & \frac{\varepsilon}{n-1} & \cdots & \frac{\varepsilon}{n-1} \\
\vdots & \vdots & \vdots & \ddots & \vdots \\
\frac{\varepsilon}{n-1} & \frac{\varepsilon}{n-1} & \frac{\varepsilon}{n-1} & \cdots & 1-\varepsilon
\end{bmatrix} \tag{4-48}
$$

つまり，対角要素はすべて $1-\varepsilon$ で，それ以外の要素はすべて $\frac{\varepsilon}{n-1}$ です．n SC を通信路線図で書くと**図4-15**のようになります．式(4-47)より通信路容量 C は

$$
\begin{aligned}
C &= \log_2 n + \sum_{j=1}^{n} p_{ij} \log_2 p_{ij} \\
&= \log_2 n + (1-\varepsilon) \log_2 (1-\varepsilon) \\
&\quad + (n-1)\frac{\varepsilon}{n-1} \log_2 \frac{\varepsilon}{n-1} \\
&= \log_2 n + (1-\varepsilon) \log_2 (1-\varepsilon) + \varepsilon \log_2 \frac{\varepsilon}{n-1}
\end{aligned}
$$

$$= \log_2 n + (1 - \varepsilon) \log_2 (1 - \varepsilon) + \varepsilon \log_2 \varepsilon - \varepsilon \log_2 (n - 1)$$

$$= \log_2 n - \varepsilon \log_2 (n - 1) - \mathcal{H}(\varepsilon) \tag{4-49}$$

となります.

（2）時間単位の通信路容量の場合

記号単位の通信路容量 C と同様に時間単位の通信路容量 C' を一般的に求めることは容易ではありません.

以下，雑音のない簡単な場合について考察してみます.

（a）2元通信路の場合

まず，最も簡単な雑音のない2元通信路を考えてみます．情報源記号を a_1, a_2 とし，各々の生起確率を p_1, p_2, 伝送時間を t_1, t_2 とします．ここで，雑音がないと仮定していますから，相互情報量 $I(A ; B)$ は $H(A)$ に等しく

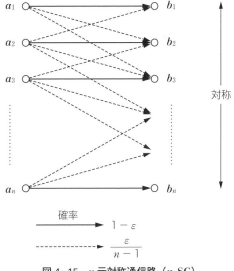

図 4-15　n 元対称通信路（n SC）

$$I(A ; B) = - p_1 \log_2 p_1 - p_2 \log_2 p_2 \tag{4-50}$$

伝送時間 τ は

$$\tau = t_1 p_1 + t_2 p_2 \tag{4-51}$$

したがって，伝送速度 R は

$$R = \frac{I(A ; B)}{\tau}$$

$$= \frac{- p_1 \log_2 p_1 - p_2 \log_2 p_2}{t_1 p_1 + t_2 p_2} \tag{4-52}$$

となります．R の最大値を求めるためにこれを p_1 で微分して，$p_1 + p_2 = 1$ から，$dp_2/dp_1 = -1$ ゆえ，これを代入，整理して0とおくと

$$\frac{dR}{dp_1} = \frac{(p_1 + p_2)(t_1 \log_2 p_2 - t_2 \log_2 p_1)}{(t_1 p_1 + t_2 p_2)^2} = 0 \tag{4-53}$$

したがって

$$\frac{\log_2 p_1}{t_1} = \frac{\log_2 p_2}{t_2} \tag{4-54}$$

となるので，この結果を式(4-52)へ代入して

$$C' = \max R = \frac{-\log_2 p_1}{t_1} = \frac{-\log_2 p_2}{t_2} \quad \text{〔bit/sec〕} \tag{4-55}$$

というように通信路容量が求められます．すなわち，雑音のない2元通信路の場合，時間単位の通信路容量 C' は，双方の記号の自己情報量と伝送時間の比が等しくなったときに求められます[28]．

（ b ）M 元通信路の場合

次にもう少し一般的な，雑音のない M 元通信路の場合について検討してみます．式(4-39)より

$$R = \frac{I(A : B)}{\tau}$$

$$= \frac{-\sum\limits_{i=1}^{M} p_i \log_2 p_i}{\sum\limits_{i=1}^{M} p_i t_i} \tag{4-56}$$

ただし

$$\sum\limits_{i=1}^{M} p_i = 1 \tag{4-57}$$

という条件があります．式(4-40)の p_i に関する伝送速度 R の最大値を求めればそれが C' となりますが，これはそう簡単には計算できません．詳細は省きますが，ラグランジュの未定係数法という手法を用いると求めることができて，その結果[6] は

$$p_i = \frac{1}{2^{Rt_i}} \tag{4-58}$$

のときに R が最大になります．式(4-58)を式(4-57)へ代入して

$$\sum\limits_{i=1}^{M} \frac{1}{2^{Rt_i}} = 1 \tag{4-59}$$

$2^R = X$ とおくと上式は

$$1 - \frac{1}{X^{t_1}} - \frac{1}{X^{t_2}} - \cdots - \frac{1}{X^{t_M}} = 0 \tag{4-60}$$

となります．この方程式の正の最大の解を X_0 とすると，式(4-40)の C' の最大値は次のように求めることができます．

$$C' = \log_2 X_0 \quad \text{〔bit/sec〕} \tag{4-61}$$

Example

　雑音のない2元通信路で，送信記号の伝送時間が $t_1 = 0.1$ 秒，$t_2 = 0.2$ 秒のとき，時間単位の通信路容量を求めます．この問題の場合は前述の（a）項，（b）項いずれの方法でも解けます．

〔（a）の方法による解〕

　生起確率 p_1，p_2 を求めねばなりません．式(4-54)より

$$\frac{\log_2 p_1}{0.1} = \frac{\log_2 p_2}{0.2} \tag{4-62}$$

したがって

$$2\log_2 p_1 = \log_2 p_2$$

$$\therefore \quad p_1{}^2 = p_2 \tag{4-63}$$

ところで，$p_1 + p_2 = 1$ だから上式は

$$p_1{}^2 + p_1 - 1 = 0 \tag{4-64}$$

となります．2次方程式の解の公式でこれを解くと大きいほうの解は

$$p_1 = \frac{-1 + \sqrt{5}}{2} = 0.6180 \tag{4-65}$$

ゆえに

$$\log_2 p_1 = \log_2 0.6180 = \log_2 \frac{618}{1000}$$

$$= 3.3223(\log 618 - \log 1000)$$

$$= 3.3223(2.7910 - 3)$$

$$= -0.6943 \tag{4-66}$$

よって

$$C' = \frac{-\log_2 p_1}{t_1} = \frac{0.6943}{0.1}$$

$$= 6.943 \quad \text{〔bit/sec〕} \tag{4-67}$$

ちなみに，$-\log_2 p_2 / t_2$ を使って求めても同じ結果が得られるので，一度試みてください．

〔(b) の方法による解[6]〕

式(4-60)より

$$1 - \frac{1}{X^{0.1}} - \frac{1}{X^{0.2}} = 0 \tag{4-68}$$

ここで，$X^{0.1} = Y$ （すなわち $X = Y^{10}$）とおくと

$$Y^2 - Y - 1 = 0 \tag{4-69}$$

2次方程式の解の公式から，正の最大の解 Y_0 は

$$Y_0 = \frac{1 + \sqrt{5}}{2} = 1.618 \tag{4-70}$$

よって

$$X_0 = (1.618)^{10} = 122.966 \fallingdotseq 123 \tag{4-71}$$

したがって，C' は次のように求めることができます．

$$\begin{aligned} C' &= \log_2 123 \\ &= 3.3223 \times 2.0899 \\ &= 6.943 \ \text{〔bit/sec〕} \end{aligned} \tag{4-72}$$

当然のことながら，結果は式(4-67)と一致していることを確かめてください．

問 題

Q4.1 0と1がそれぞれ確率 $3/4, 1/4$ で発生する2元対称通信路（BSC）において，誤り率 $\varepsilon = 1/8$ のときの伝送情報量を求めなさい．

Q4.2 2元消失通信路（BEC）で，$0 \to 1, 1 \to 0$ の誤りのある場合の通信路行列 $\boldsymbol{P}$ と，通信路線図を書きなさい．ただし，消失確率を u，誤り率を ε とします．

Q4.3 0と1が等確率で発生する2元消失通信路（BEC）において，判定不能率 $u = 1/8$ のときの伝送情報量を求めなさい．

Q4.4 2元対称通信路（BSC）において，誤り率 $\varepsilon = 1/10$ のときの記号単位の通信路容量 C を求めなさい．

Q4.5 4元対称通信路（4SC）において，誤り率 $\varepsilon = 1/10$ のときの記号単位の通信路容量 C を求めなさい．

5 符号化

前章では通信のモデルと通信路に関する基礎的な解説を行いました．この章では，実際に通信を行う場合に不可欠となる符号化について詳しく説明を行います．

5-1　符号化の基礎知識

ディジタル通信においては，送信したいメッセージに関して，そのメッセージを構成する各々の記号をそのまま送り出すのではなく，雑音のない場合は送信の効率をよくするためにいったん別の記号に変換してから送信する方法がふつうです．このように，送信メッセージを構成する記号を別の記号に変換することを**符号化**といいます．符号化についてもシャノンは理論的に研究を行い，**符号理論**（coding theory）を確立しました．4-1 節でみたように，符号化は情報源符号化と通信路符号化に分けられます．情報源符号化は 5-1 節，5-2 節で，通信路符号化は 5-3 節，5-4 節で説明します．

■1 符号化と冗長度

いま，英大文字（A〜Z と空白）27 文字について平均情報量，すなわちエントロピーを考えてみましょう．生起確率がすべて等しいと仮定しますと，27 文字の生起確率はすべて 1/27 となります．このとき，エントロピーは

$$H_0 = \sum_{i=1}^{27} \frac{1}{27} \log_2 \frac{1}{27}$$

$$= -27 \times \frac{1}{27} \log_2 \frac{1}{27}$$

$$= \log_2 27 = \log_2 3^3 = 3 \log_2 3 = 3 \times \frac{\log 3}{\log 2} = 3 \times \frac{0.4771}{0.3010}$$

$$= 4.76 \ \text{〔bit〕} \tag{5-1}$$

となります．しかし，実際の英語の文では 27 文字の生起確率が等確率というのはあり得ないことです．例えば，"t" の後は "h" がくる確率が非常に高く，"q" の後はほぼ確実に "u" がきます．実際の英文について研究した結果があり，それによると平均的な英文のエントロピーは

$$H \fallingdotseq 1.3 \ \text{〔bit〕} \tag{5-2}$$

といわれています．すなわち，等確率の場合の H_0 よりもかなりエントロピーが低くなっています．つまり，あいまいさ，不確実さが減っているということです．整理すると

$H_0 = 4.76$ 〔bit〕………………………… 等確率（文字間の制約なし）

　　↓ 制約によって低下

$H = 1.3$ 〔bit〕………………………… 非等確率（文字間の制約あり）

ということになります．実際の英文ではなぜ非等確率になるのでしょうか．それは実際の英文には**冗長**というものがあるからです．冗長の冗という字は，冗談などという言葉があるように，余計なもの，なくてもいいものという意味です．しかし，情報理論においては，この冗長という概念は決してなくてもよいというようなことではなく，逆に非常に重要で，有益な意味をもつのです．例えば，次のような英文を受信したとしましょう．

　　This js a pemcil.

この英文をみると，英語のわかる人ならば誰でもすぐに "js" は "is"，"pemcil" は "pencil" の間違いであろうと気がつくはずです．すなわち，受信側で誤りの訂正が可能となります．これは英文には冗長があるためなのです．ちなみに筆者がいまキーボードをむちゃくちゃに打ってつくった次のようなランダムな文字列

　　p03vhrfphp7rutynmvw84ut

を受信しても，誤りがあるかどうかもわからないし，あるとしてもどこが誤りかはさっぱりわかりません．これはランダムな文字列には冗長がないからです．

そこで，冗長さを表す尺度として次のような量があります．**冗長度**（redundancy）γ を以下のように定義します．

$$\gamma = 1 - \frac{H}{H_0} \tag{5-3}$$

    H：1文字当たりのエントロピー

    H_0：1文字当たりの最大エントロピー

ここで，第2項の H/H_0 を**相対エントロピー**（relative entropy）と呼ぶこともあります．上記の英文の例で γ を計算すると

$$\gamma = 1 - \frac{1.3}{4.76} = 0.727 \tag{5-4}$$

となります．**冗長度** γ は，$0 \leqq \gamma \leqq 1$ で，1に近いほど冗長が多いということなので，英文の場合，かなり冗長が多いことを表しています．

前述したように通信，すなわち情報の伝送で大切な二つのことは，「正確に」と「高速に」ということでした．ここで後者の「高速に」ということは，いい換えれば「効率よく」ということです．この面から符号化の目的を考えてみますと，雑音のない場合は

    メッセージ（記号）……… 冗長がある

          符号化（encoding）

    別の記号列（冗長のなるべく小さいもの）

となります．ここでいう別の記号列の集合が**符号**（code）と呼ばれるものです．そして元のメッセージを表す記号の並び，つまり記号列を**符号語**（codeword）と呼びます．符号の長さがすべて等しい場合を**固定長符号**（fixed length code），符号語の長さが一定でない場合を**可変長符号**（variable length code）といいます．効率を追求する場合は自ずから可変長符号となります．

送信しようとするメッセージを決まった長さに区切って符号化した符号を，**ブロック符号**（block code）といいます．区切る長さは決まっていなくて，1文字ずつでもいいので，意味が広く，本書で扱う符号はすべてブロック符号と考えてもいいのです．しかし，狭義では固定長符号のことをブロック符号と称する書物もあります．

表 5-1 符号語の例

Example

次のような四つの記号からなる情報源 A を考え，
各記号に次の**表 5-1**のような符号語を設定します．

情報源 $A = \{A_1,\ A_2,\ A_3,\ A_4\}$

この符号語は 0 と 1 からなる**2 元符号**（binary code）
です．この情報源 A は次のような式で表されます．

記号	符号語
A_1	0
A_2	0 1
A_3	0 1 1
A_4	0 1 1 1

$$A = \begin{bmatrix} A_1 & A_2 & A_3 & A_4 \\ \dfrac{1}{2} & \dfrac{1}{4} & \dfrac{1}{8} & \dfrac{1}{8} \end{bmatrix} \tag{5-5}$$

上段は記号を，下段はその生起確率を表します．

2 一意的復号可能と瞬時復号可能

例えば，電報などのカタカナ文で，「カネオクレタノム」という文は「金送れ頼
む」と読めますが，「金をくれた呑む」などとも読めます．このように一つの文が
複数通りに解釈できる場合があります．符号（可変長符号の場合）でも同じよう
なことがあります．例えば

A＝1
B＝0
C＝10 $\hspace{6cm}$ (5-6)

というような符号を設定すると，1010 を受信した場合，これは

1－0－1－0　　→ ABAB
1－0－10　　　→ ABC
10－1－0　　　→ CAB
10－10　　　　→ CC

というふうに 4 通りもの解釈が可能となってしまいます．このようなまずい符号
を無理に使おうとした場合には，元の文字の 1 文字ずつに切れ目を示す何らかの
区切り記号を入れる必要があり，大変効率の悪い符号になってしまいます．これ
は極端な例ですが，このように受信した符号系列が複数の復号結果をもち得る場
合，**一意的復号可能**（uniquely decodable）ではない，といいます．一意的復号可
能は**分節可能**（separable）ともいいます．いうまでもなく，実用的な符号化法は
一意的復号可能でなければなりません．

次に，一つの符号を受信した場合，その符号だけで復号できる場合と，それに続く後の符号をみないと復号できない場合とがあります．例えば

A＝0

B＝01

C＝011 (5-7)

という符号を設定した場合，「0」を受信した段階では，Aと決めることはできません．BまたはCの第1ビットかもしれないからです．次に「01」となった段階ではAではないことはわかります（1で始まる符号がないため）が，Bと決めることはできません．Cの第2ビットかもしれないからです．さらに三つ目のビットを受信してはじめてBまたはCの判定ができるのです．このような符号を**瞬時復号可能**（instantaneously docodable）ではない，といいます．これに対して

A＝0

B＝10

C＝110 (5-8)

という符号を設定した場合，「0」を受信したら即座にAと決めることができます．「10」を受信したら即座にBと決めることができます．「110」を受信したら即座にCと決めることができます．つまり，一つの符号を受信したら後に続く符号をみる必要がなく，即座に決定ができる符号です．このような符号を瞬時復号可能な符号といいますが，これを短縮して**瞬時符号**（instantaneous code）あるいは**語頭符号**（prefix code）ともいいます．いうまでもなく，瞬時符号でない符号は，後に続く符号をみるために受信した符号をメモリに入れておく必要がありますので，余計なメモリを必要としますが，瞬時符号はそのようなメモリは不要で，迅速に復号できますので，優れています．したがって，一意的復号可能は当然ですが，さらに瞬時符号であることが優れた符号化法の条件といえます．なお，固定長符号の場合は切れ目があらかじめわかっているので，常に瞬時復号可能です．

🔳 クラフトの不等式

瞬時符号はどんな場合にもつくれるわけではありません．それをつくるには条件があります．それが**クラフトの不等式**（Kraft's inequality）と呼ばれる次の定理です．

いま，M個の符号語c_i（$i＝1 \sim M$）からなるr元符号があり，その符号語長

を g_i $(i = 1 \sim M)$ とします．この符号が瞬時符号であるための必要条件は

$$\sum_{i=1}^{M} \frac{1}{r^{g_i}} \leqq 1 \tag{5-9}$$

となります．より一般的な2元符号（$r = 2$）の場合は見やすく書くと

$$\frac{1}{2^{g_1}} + \frac{1}{2^{g_2}} + \cdots + \frac{1}{2^{g_M}} \leqq 1 \tag{5-10}$$

となります．この式から，符号語長 g_i があまり短いものばかりの場合は，左辺が1を超えるので，瞬時符号にならないことがわかります．逆に式(5-9)を満たす自然数列 g_i $(i = 1 \sim M)$ があればそれらを符号語長とする瞬時符号が存在します．

Example

① $M = 6$ で，符号語長が $\{g_1,\ g_2,\ g_3,\ g_4,\ g_5,\ g_6\} = \{2,\ 2,\ 3,\ 3,\ 3,\ 3\}$ の2元符号の場合は

$$\frac{1}{2^2} + \frac{1}{2^2} + \frac{1}{2^3} + \frac{1}{2^3} + \frac{1}{2^3} + \frac{1}{2^3}$$

$$= 2 \times \frac{1}{4} + 4 \times \frac{1}{8} = \frac{1}{2} + \frac{1}{2} = 1 \leqq 1$$

となるので，瞬時符号が構成できます．

② $M = 5$ で，符号語長が $\{g_1,\ g_2,\ g_3,\ g_4,\ g_5\} = \{2,\ 2,\ 2,\ 2,\ 2\}$ の2元符号の場合は

$$\frac{1}{2^2} + \frac{1}{2^2} + \frac{1}{2^2} + \frac{1}{2^2} + \frac{1}{2^2}$$

$$= 5 \times \frac{1}{4} = \frac{5}{4} > 1$$

となるので，瞬時符号が構成できません．

　上記のクラフトの不等式は，その後の研究で，瞬時復号可能というだけでなく，一意復号可能な符号の条件でもあることがマクミラン（B. McMillan）によって証明されています．

4 符号化の評価

　上記の例，式(5-5)でつくった情報源 A に対する符号語は，本当によい符号語なのでしょうか，それとも悪い符号語なのでしょうか．ある情報源に対して，つ

くった符号語がよいのか悪いのかを判断することは重要なことです．すなわち，符号化のよし悪しを正しく評価することは非常に重要な事柄です．その一つの尺度となるのが，ここで述べる符号化の効率 e というパラメータです．

いま，r 元符号を用いるとします．多くの場合，$r = 2$ で $\{0,\ 1\}$ の 2 元符号を用いることが多いのですが，一般的に r としておきます．さらに

H：情報源のエントロピー

L：平均符号長

$P(A_i)$：記号 A_i の生起確率

g_i：A_i に対する符号語長

とします．まず L は g_i の平均ですから

$$L = \sum_i P(A_i) g_i \tag{5-11}$$

となります．1 記号当たりの情報量は

$$I_0 = \frac{H}{L} \tag{5-12}$$

となります．また，1 記号当たりの最大平均情報量は等確率（$1/r$）のときに得られますから

$$I_{\max} = -\sum_{i=1}^{r} \frac{1}{r} \log_2 \frac{1}{r}$$

$$= \log_2 r \tag{5-13}$$

となります．このとき**符号化の効率**（efficiency of an encoding）e は次のように定義されます．

$$e = \frac{I_0}{I_{\max}} = \frac{H/L}{\log_2 r} \tag{5-14}$$

符号化のよし悪しはこの効率 e（$0 \leqq e \leqq 1$）によって評価することができます．e が 1 に近いほど効率がよいことを表します．

Example

前述の式(5-5)の符号化の効率を求めてみます．$r = 2$ の 2 元符号ですから

$$H = -\frac{1}{2} \log_2 \frac{1}{2} - \frac{1}{4} \log_2 \frac{1}{4}$$

$$- \frac{1}{8} \log_2 \frac{1}{8} - \frac{1}{8} \log_2 \frac{1}{8}$$

$$= \frac{1}{2}\log_2 2 + \frac{1}{4}\log_2 2^2 + \frac{2}{8}\log_2 2^3$$

$$= \frac{1}{2} + \frac{2}{4} + \frac{6}{8} = \frac{7}{4} \tag{5-15}$$

$$L = \frac{1}{2} \times 1 + \frac{1}{4} \times 2 + \frac{1}{8} \times 3 + \frac{1}{8} \times 4$$

$$= \frac{15}{8} \tag{5-16}$$

$$\therefore \quad e = \frac{H/L}{\log_2 r} = \frac{7/4 \div 15/8}{\log_2 2} = \frac{14}{15} \fallingdotseq 0.93 \tag{5-17}$$

したがって，この符号化の効率は 0.93 となり，かなり効率がよいことがわかります．もし，効率 $e = 1$ となれば，冗長が完全に除去された符号化ということができます．

符号化における冗長の多い少ないは，以下に示すように，効率と信頼度のトレードオフの関係になっています．○は長所，×は短所を表します．

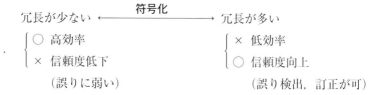

5-2　高効率の符号化

符号化の効率を高めるために最も基本的なことは

生起確率の大きい記号 ⟶ 短い長さの符号語を割り当てる

$P(A_i)$ が大　　　　　　　　　　　g_i を小

ということです．頻繁に発生するような記号にはできるだけ短い符号語を割り当て，減多に発生しないような記号には長い符号語を割り当てるということです．そうすることによって全体としての符号語は短くすることができます．短い符号語は短時間で送信することができるので，高速化が図れます．したがって効率が向上するということです．

ここで，**木**（**ツリー**，tree）と呼ばれるデータ構造について説明します．図5-1に示すように，**ルート**（root）と呼ばれる**節点**（**ノード**，node）から枝が伸びて別の節点につながっています．上にある節点を**親節点**（parent node），下にある節点を**子節点**（child node）と呼びます．各節点は0個以上の子節点をもつことができますが，親節点は一つしかありません．また，子節点をもたない節点を**葉**（**リーフ**，leaf）と呼びます．

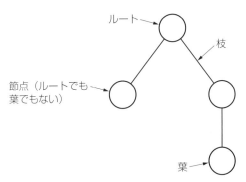

ルート

枝

節点（ルートでも
葉でもない）

葉

図5-1　ツリーの例

1 シャノン-ファノの符号化法

　シャノン-ファノの符号化法（Shannon-Fano encoding）は，シャノンとファノ（R. M. Fano）が考案した以下のような符号化法です．いま，情報源を

$$A = \begin{bmatrix} A_1 & A_2 & \cdots & A_M \\ p_1 & p_2 & \cdots & p_M \end{bmatrix} \begin{matrix} \leftarrow 記号 \\ \leftarrow 生起確率 \end{matrix} \tag{5-18}$$

とします．以下のステップを順に実行します．

《Step 1》　A_i を p_i の大きい順に並べる．

例えば，$A_7 A_5 A_1 A_3 A_6 \cdots$

（ここで，$p_7 > p_5 > p_1 > p_3 > p_6 > \cdots$）

《Step 2》　p_i の和がほぼ等しくなるように，A_i を2群に分ける．

例えば，$A_7 A_5 A_1 \longleftrightarrow A_3 A_6 \cdots$

（ここで，$p_7 + p_5 + p_1 \fallingdotseq p_3 + p_6 + \cdots$）

《Step 3》　その各群をさらに同様に二つの群に分けていく．分割できなくなれば終了．

《Step 4》 分割をツリー表現（木表現）し，ルートから左の枝を 0，右の枝に 1 を
振り当てていく（逆でもよい）．

このとき，ルートからツリーの葉（リーフ）へ至るまでの 0 と 1 の並びが，求め
る符号語です．

Example

$M = 6$ で

$$A = \begin{bmatrix} A_1 & A_2 & A_3 & A_4 & A_5 & A_6 \\ 0.09 & 0.14 & 0.40 & 0.15 & 0.12 & 0.10 \end{bmatrix} \begin{matrix} \leftarrow 記号 \\ \leftarrow 生起確率 \end{matrix} \tag{5-19}$$

とします．

《Step 1》 $A_3 \quad A_4 \quad A_2 \quad A_5 \quad A_6 \quad A_1$

$(0.40 > 0.15 > 0.14 > 0.12 > 0.10 > 0.09)$

《Step 2》 $A_3 A_4 \longleftarrow \longrightarrow A_2 A_5 A_6 A_1$

$0.55 \quad (0.40 + 0.15) \fallingdotseq 0.45 \quad (0.14 + 0.12 + 0.10 + 0.09)$

《Step 3》 は**図 5-2** にツリーで示します．

《Step 4》 図 5-2 をみてわかるように，符号化の結果は次のようになります．

$$\begin{array}{l} A_3 \rightarrow 00 \\ A_4 \rightarrow 01 \\ A_2 \rightarrow 100 \\ A_5 \rightarrow 101 \\ A_6 \rightarrow 110 \\ A_1 \rightarrow 111 \end{array} \tag{5-20}$$

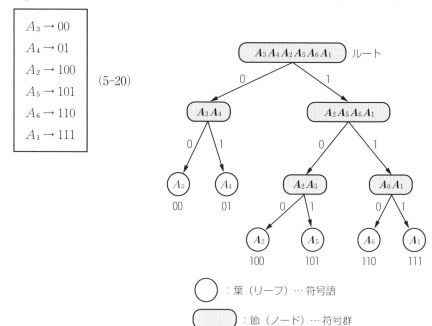

図 5-2 シャノン-ファノの符号化法

　ところでこのシャノン-ファノの符号化法の例を用いて，符号化の効率 e を求めてみましょう．

$$H = -0.09 \log_2 0.09 - 0.14 \log_2 0.14$$
$$\quad - 0.40 \log_2 0.40 - 0.15 \log_2 0.15$$
$$\quad - 0.12 \log_2 0.12 - 0.10 \log_2 0.10$$

$$= 0.09 \log_2 \frac{100}{9} + 0.14 \log_2 \frac{100}{14}$$

$$\quad + 0.4 \log_2 \frac{10}{4} + 0.15 \log_2 \frac{100}{15}$$

$$\quad + 0.12 \log_2 \frac{100}{12} + 0.10 \log_2 \frac{100}{10}$$

$$= 0.09(\log_2 100 - 2\log_2 3) + 0.14\{\log_2 100 - \log_2(2 \times 7)\}$$
$$\quad + 0.4(\log_2 10 - \log_2 4)$$
$$\quad + 0.15\{\log_2 100 - \log_2 (3 \times 5)\}$$
$$\quad + 0.12\{\log_2 100 - \log_2 (3 \times 4)\}$$
$$\quad + 0.10 \log_2 10 \tag{5-21}$$

ここで

$$\log_2 100 = 2\log_2 10 = 2\frac{\log 10}{\log 2} = \frac{2}{0.3010}$$

$$= 6.6445$$

$$\log_2 3 = \frac{\log 3}{\log 2} = \frac{0.4771}{0.3010} = 1.5850$$

$$\log_2 4 = 2$$

$$\log_2 5 = \frac{\log 5}{\log 2} = \frac{0.6990}{0.3010} = 2.3223$$

$$\log_2 7 = \frac{\log 7}{\log 2} = \frac{0.8451}{0.3010} = 2.8076$$

$$\log_2 10 = \frac{\log 10}{\log 2} = \frac{1}{0.3010} = 3.3223$$

となるから，これらの値を式(5-21)に代入すれば

$$H = 0.09(6.6445 - 2 \times 1.5850)$$
$$+\ 0.14(6.6445 - 1 - 2.8076)$$
$$+\ 0.4(3.3223 - 2)$$
$$+\ 0.15(6.6445 - 1.5850 - 2.3223)$$
$$+\ 0.12(6.6445 - 1.5850 - 2)$$
$$+\ 0.10 \times 3.3223$$
$$=\ 2.35 \quad 〔\text{bit}/記号〕 \tag{5-22}$$

となります．また

$$L = \underbrace{0.09 \times 3}_{A_1} + \underbrace{0.14 \times 3}_{A_2} + \underbrace{0.4 \times 2}_{A_3}$$
$$+ \underbrace{0.15 \times 2}_{A_4} + \underbrace{0.12 \times 3}_{A_5} + \underbrace{0.10 \times 3}_{A_6}$$
$$=\ 2.45 \quad 〔\text{bit}〕 \tag{5-23}$$

2元符号で $r = 2$ ゆえ，効率 e は

$$e = \frac{H/L}{\log_2 r} = \frac{2.35/2.45}{\log_2 2}$$
$$=\ 0.96 \tag{5-24}$$

となります．

2 ハフマンの符号化法

　ハフマンの符号化法（Huffman encoding）は，ハフマン（D. A. Huffman）が考案した以下のような符号化法です．前述のシャノン-ファノの符号化法と同様に，以下のステップを順に実行します．

《Step 1》　A_i を p_i の大きい順に並べる（ここはシャノン-ファノの符号化法と同じ）．

《Step 2》　p_i の最も小さい二つの記号を統合して一つのグループとする．このグループの生起確率は二つの生起確率の和とします．

《Step 3》　全体が一つのグループになるまで Step 1 と Step 2 を繰り返す．

《Step 4》　この結果，ツリーができる．ルートから左の枝を 0，右の枝に 1 を振り当てていく（逆でもよいが，終始一貫することが大事）．

ルートからツリーの葉（リーフ）へ至るまでの 0 と 1 の並びが求める符号語です．

Example

　前述のシャノン-ファノの符号化法と同じ例で，式(5-19)を用いてハフマンの符号化法を実行すると，**図 5-3**のような統合過程の図が得られます．この図で注意すべきことは，確率の値の大きいほうを必ず上にもってきてから統合することです．この場合，図は少し混み入ってきますが，この原則を守らないと誤った結果になることがあります．統合過程の図を枝の上下関係，左右関係を忠実にツリーに書き換えると，**図 5-4**のようなツリーが得られます．

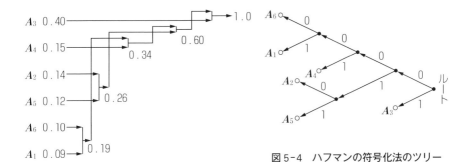

図 5-3　ハフマンの符号化法の統合過程

図 5-4　ハフマンの符号化法のツリー
（枝の記号は上が 1 で下が 0 でも可）

　これに Step 4 の手順にしたがって 0 と 1 を割り振っていくと，符号化の結果は

$$
\begin{aligned}
A_3 &\rightarrow 1 \\
A_4 &\rightarrow 001 \\
A_2 &\rightarrow 010 \\
A_5 &\rightarrow 011 \\
A_6 &\rightarrow 0000 \\
A_1 &\rightarrow 0001
\end{aligned}
\tag{5-25}
$$

となります．

　ハフマンの符号化法では，得られる結果は 1 通りではありません．すなわち，結果は一意には決まらずに，いろんな答えが得られます．その理由は，最初から生起確率が等しい記号があったり，統合過程の和で同一の確率値が現れた場合の自由度（選択の幅）や，枝の左や右に 0 と 1 どちらを振り当てるかなどの自由度

があるからです．しかし，得られた結果は数学的にはすべて等価であり，平均符号長 L や効率 e は同じとなります．したがって，得られた結果が見かけは違っていても，実質的には同じということです．

この例で効率 e を求めてみましょう．

$$L = \underbrace{0.4 \times 1}_{A_3} + \underbrace{0.15 \times 3}_{A_4} + \underbrace{0.14 \times 3}_{A_2}$$
$$+ \underbrace{0.12 \times 3}_{A_5} + \underbrace{0.10 \times 4}_{A_6} + \underbrace{0.09 \times 4}_{A_1}$$
$$= 2.39 \ \text{〔bit〕} \tag{5-26}$$

$$\therefore \quad e = \frac{H / L}{\log_2 r} = \frac{2.35}{2.39}$$
$$= 0.98 \tag{5-27}$$

式(5-24)のシャノン-ファノの符号化法では $e = 0.96$ でしたので，この例の場合，こちらのほうが少し効率がよいことがわかります．一般的にもハフマンの符号化法が最も効率が優れており，**最適符号**（optimum code）または**コンパクト符号**（compact code）と呼ばれます．ちなみに，効率をまったく考慮せずに，均一な符号長でただ単純に2進数の順番により

$$\begin{array}{l}
A_1 \rightarrow 000 \\
A_2 \rightarrow 001 \\
A_3 \rightarrow 010 \\
A_4 \rightarrow 011 \\
A_5 \rightarrow 100 \\
A_6 \rightarrow 101
\end{array} \tag{5-28}$$

と割り振った場合の効率 e を求めてみましょう．

$$L = \underbrace{(0.09 + 0.14 + 0.4 + 0.15 + 0.12 + 0.10)}_{1} \times 3$$
$$= 3 \ \text{〔bit〕} \tag{5-29}$$

$$\therefore \quad e = \frac{2.35}{3} = 0.78 \tag{5-30}$$

となり，やはりシャノン-ファノやハフマンの符号化法に比べると非常に効率が

悪いことがわかります．シャノン-ファノの符号化法もハフマンの符号化法も，ここでは{0, 1}を使う2元符号として説明しましたが，{0, 1, 2}の3元符号や{0, 1, 2, 3}の4元符号としてもまったく同様に適用可能です（章末の演習問題参照）．

❸ LZ 符号化法

ジフ（J. Ziv）とレンペル（A. Lempel）が考案した**LZ符号化法**（LZ encoding）は，先に紹介したシャノン-ファノの符号化法やハフマンの符号化法と異なり，情報源記号の生起確率がわからない場合でも符号化が可能です．

LZ符号化法では，入力記号列を以下に述べる手順で部分列に分割し，その部分列をツリーで表現した辞書に記録していきます．情報源 A のアルファベットの数を $|A|$ とすると，各節点は最大 $|A|$ 個の子節点をもちます．節点にはつくられる順に 0, 1, 2, … と番号が振られ，枝には入力記号列から読み込んだ記号が割り当てられます．ルートから節点へ至る枝のラベルの並びがその節点の部分列を表します．**図5-5**は，情報源アルファベットが {a, b} の場合にツリーの各節点が表す部分列を示しています．

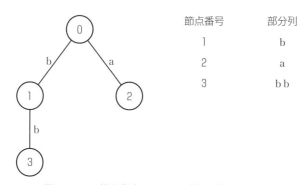

図 5-5　LZ 符号化法のツリーの節点が表す部分列

LZ符号化法では，符号語は節点番号 j と情報源記号 X の組 (j, X) として表されます．このような組を**順序対**（ordered pair）と呼びます．

（1）符号化
LZ符号化法の手順は次のとおりです．

《Step 1》 ルート（節点 0）をつくりま
す.

図 5-6 ツリーの最初につくられる節点

《Step 2》 先に読み終えた記号の次の記
号から入力記号列の読込みを
始めます. この時点で入力記号列の最後まで読み終えている場合は
step 3 へ行きます. 節点 0 から出発し, 1 文字読み込むごとに読み込
んだ記号をラベルとする枝に沿って下の節点へと移動します. 該当す
る枝がない場合は, 現在の節点（j とします）から, 最後に読んだ記号
（X とします）をラベルとする枝を伸ばし, その先に新たな節点 k をつ
くり, 順序対 (j, X) を出力します（**図 5-5**）. 入力記号列を最後まで読
み終えた場合は, 新たな枝や節点はつくらず, (j, -) を出力します（「-」
は記号がないことを意味します）.

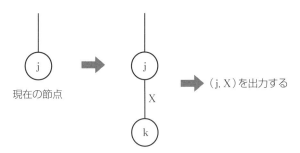

図 5-7 LZ 符号化法のツリーで新たな節点がつくられる過程

《Step 3》 Step 2 に戻ります. ただし, 入力記号列を最後まで読み終えた場合は
終了します.
こうして出力した順序対 (j, X) の並んだものが符号語列となります.

Example

アルファベットが {a, b, c} で与えられる情報源からの記号列 c a c b b a を
LZ 符号化法で符号化する際に, ツリーに節点が追加される様子を示します.

① ルート（節点 0）をつくります（**図 5-6**）.

② 最初の文字「c」を読むと, ルートから始まる枝の並びには一致するものが
ないので, 節点 0 から枝 c を伸ばし, 枝の先に節点 1 をつくります〔**図 5-8**
(1)〕. (0, c) を出力します.

③ 次の文字「a」を読むと，ルートから始まる枝の並びには一致するものがないので，節点0から枝aを伸ばし，枝の先に節点2をつくります〔図5-8 (2)〕．(0, a) を出力します．

④ 次の文字「c」を読むと，ルートからcの枝が伸びているので，節点1に移動します．次の文字「b」を読むと，枝の並びと一致するものがないので，節点1から枝bを伸ばし，枝の先には節点3をつくります〔図5-8 (3)〕．(1, b) を出力します．

⑤ 次の文字「b」を読むと，ルートから始まる枝の並びには一致するものがないので，節点0の下に枝bを伸ばし，枝の先に節点4をつくります〔図5-8 (4)〕．(0, b) を出力します．

⑥ 文字「a」を読むとルートからaの枝が伸びているので，節点2に移動します．これ以上読み込むべき文字がないので，(2, –) を出力して終了します．

したがって，入力記号列 c a c b b a の符号語列は

$$(0, c)(0, a)(1, b)(0, b)(2, –) \tag{5-31}$$

となります．

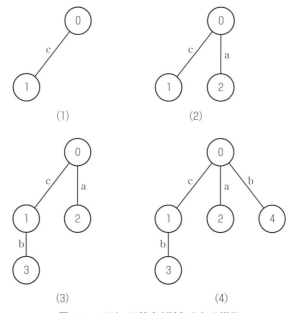

(1)   (2)

(3)   (4)

図5-8 ツリーに節点が追加される様子

（2）復 号

復号の際は，順序対 (j, X) を読むごとに節点 j の下に枝 X を伸ばして新たな節点をつくります．ただし X が「-」の場合は新たな節点はつくりません．その節点が表す部分列を出力し，その並びが復号された記号列となります．

Example

先の例で得られた式(5-31)の符号語列を復号する例を示します．読み込む順序対とつくられる節点，およびツリー，出力する部分列を表に示します．

順序対	つくられる節点	ツリー	出力する部分列
(0, c)	節点 1	図 5-8 (1)	c
(0, a)	節点 2	〃 (2)	a
(1, b)	節点 3	〃 (3)	c b
(0, b)	節点 4	〃 (4)	b
(2, -)	なし	〃 (4)	a

（3）2 元符号化

上記の例で出力された符号語列にはかっこやコンマなどの記号が含まれています．これを 0，1 だけを用いた 2 元符号にするために次のようにします．まず，i 番目の順序対 (j, X) の j がとり得る値は 0 から $i-1$ なので，これを 2 進数で表現するのに必要なビット数を n とすると $i \leq 2^n$ となるので，両辺の対数をとると $\log i \leq n$ となります（底は 2）．$\log i$ は整数とは限らないので $n = \lceil \log i \rceil$ となります．ここで「・」は**天井関数**（ceiling function）を表し，実数 x に対して $\lceil x \rceil$ は x 以上の最小の整数を返します（たとえば $\lceil 3.7 \rceil = 4$，$\lceil 2.0 \rceil = 2$）．

i 番目の順序対 (j, X) の j を 2 進数で表す場合に，必要なビット数は次のようになります．

i	$\lceil \log i \rceil$	
1	$\lceil \log 1 \rceil = \lceil 0 \rceil = 0$	
2	$\lceil \log 2 \rceil = \lceil 1 \rceil = 1$	
3	$\lceil \log 3 \rceil = \lceil 1.58\cdots \rceil = 2$	(5-32)
4	$\lceil \log 4 \rceil = \lceil 2 \rceil = 2$	
5	$\lceil \log 5 \rceil = \lceil 2.32\cdots \rceil = 3$	

また情報源 A のアルファベットの数を $|A|$ とすると，順序対 (j, X) の X を表すためには $\lceil \log |A| \rceil$ ビットの 2 進数が必要となります．したがって，先の例で

は$|A| = 3$なので「$\log |A|$」$= 2$となり，a，b，c は例えば 00，01，10 と符号化できます．したがって，式(5-31)の符号語列は次のように 2 元符号化されます．

	順序対	2 元符号での表現
1	(0, c)	,10
2	(0, a)	0,00
3	(1, b)	01,01
4	(0, b)	00,01
5	(2, −)	010,　（「−」は符号化の必要なし）

$$(5\text{-}33)$$

ただし，式(5-33)での 2 元符号での表現内のコンマは，順序対 (j, X) の j と X の区切りがわかるように付加したものであり，符号化の際には不要です．したがって，最終的に入力記号列 c a c b b a は 1000001010001010 と符号化されます．

　LZ 符号化法は，入力記号列が長くなるにつれて式(5-14)で与えられる効率 e が 1 に近づくことが知られています．LZ 符号化法のように，情報源のアルファベットの生起確率を必要としない高効率の符号化法を総称して**ユニバーサル符号化**（universal coding）と呼びます．

❹ シャノンの第 1 基本定理

　シャノンは，符号化に関して第 1 基本定理を，また，誤り率に関して第 2 基本定理を打ち立てました．これら二つの定理は今日，情報理論の中でも非常に重要な定理となっています．なお，第 2 基本定理については次節で説明します．

　シャノンの第 1 基本定理（Shannon's first fundamental theorem）は別名，**情報源符号化定理**あるいは**雑音のない場合の符号化定理**（noiseless coding theorem）とも呼ばれる定理です．すなわち

　　「情報源の 1 記号当たりのエントロピーを H とし，これを r 元符号を用いて符号化する場合，平均符号長 L は

$$\frac{H}{\log_2 r} \quad （r = 2 \text{ のときは } H）$$

　　にいくらでも近づけることができるが，これより短くはできない」

という定理です．すなわち，L の下限 $\longrightarrow H / \log_2 r$ であるということです．この定理は，ほかに通信路容量 C を用いた記述法で「C/H にいくらでも近い速度で情報を送る符号化法が存在する」といういい方もありますが，本質的には同じことをいっています．

5-3 雑音のある場合の符号化

　符号化に関する基本的な考え方は，雑音のある場合とない場合に分けて考えなければなりません．すなわち

　　雑音のない場合 ──────→ 効率のよい符号化のみ追求すればよい

　　雑音のある場合 ──────→ 誤り発生が少なく，かつ効率のよい符号化を追求

となります．しかし，現実には通信には雑音がつきもので，雑音のない場合などは理想的な話であって，そのような議論は現実的にはあまり意味がないのではないかと思う人がいるかもしれません．しかし，通信とひと口にいっても，運ぶべき内容がいろいろあります．コンピュータで処理する数値などを通信するデータ通信において，誤りは絶対に避けねばなりません．例えば，銀行のオンラインシステムにおいては，金額や顧客の番号，名前などに通信途中でたとえ1ビットたりとも誤りが生じると，致命的な被害が生じかねません．あるいはソフトウェアを通信回線でやり取りする場合でも同じです．しかし，電話の音声，FAXや画像，映像などを通信の対象とする場合は，1ビットや数ビットの多少の誤りが起こっても，人間の目や耳はそれほど精緻ではないので，実用上は大した影響がないといえる場合が多いのです．そのような場合は，雑音がないと仮定した議論をしてもかまわない場合があります．したがって，雑音のない場合という議論は決して意味がないことではありません．

　前節までは，雑音がないという条件の下で，効率だけを向上させる情報源符号化について述べましたが，この節では，雑音がある場合の通信路符号化について説明します．雑音があると，それによって誤りが発生します．本書で対象にしている通信はディジタル通信で，それも基本的には2元符号，すなわち0と1を記号として送信する場合を主に考えています．誤りが発生するとは，0を1に，あるいは1を0に間違って受信してしまうことをいいます．

　雑音がないという条件の下で，効率だけを向上させる情報源符号化の場合は，元の情報の冗長さを極力削りとってしまうことが主眼でした．しかし，雑音のある条件下で誤りを検出ないし訂正するための通信路符号化ではまったく逆に，元の情報に冗長さを付加してその冗長さを利用して誤りを検出ないし訂正しようという考え方をします．

1 シャノンの第 2 基本定理

シャノンの第 2 基本定理（Shannon's second fundamental theorem）は別名，**通信路符号化定理**（channel coding theorem）あるいは**雑音のある場合の符号化定理**（coding theorem with noise）とも呼ばれる定理です．すなわち

> 「通信路容量 C の通信路において，伝送速度 $R(<C)$ で情報を伝送するとき，ある $\delta(>0)$ が存在し，$R < C - \delta$ ならば，誤り確率をいくらでも小さくできる」

という定理です．すなわち

> 雑音があっても ──→ 情報伝送の信頼性が 100% になる

ということです．

これ以前の時代の常識としては，雑音のある通信路で誤り確率を小さくしようとすれば，それに伴って冗長を際限なく増大していかなければならず，したがって符号長がどんどん長くなり，伝送速度が限りなく遅くなってしまうと考えられていました．シャノンはこの常識を覆したのです．

つまり，どのような伝送路にも通信路容量というものがあり，それ以下の伝送速度で通信すれば，符号化器と復号器を上手に設計することによって誤り確率をいくらでも下げることができるということを発見したのです．この定理は，シャノンが 1948 年に提唱し，ランダム符号化と呼ばれる手法を用いて証明したのですが，1954 年に，ファインスタイン（A. Feinstein）がさらに数学的に厳密に証明しました．その後，1965 年にギャラガー（R. G. Gallager）が誤り確率も含めた形で証明しました．

2 誤りの検出と訂正

誤りの発生に対する処置としては 2 種類の方法があります．すなわち

誤りの発生
$\begin{pmatrix} 0 \to 1 \\ 1 \to 0 \end{pmatrix}$
① 誤り検出 ──→ 誤りが発生したということがわかる．
（どこが誤りかまではわからない）
対処 ⇒ 送信側に再送信を要求する．
② 誤り訂正 ──→ 誤りが発生したということがわかり，かつどこが誤りかもわかる．
対処 ⇒ 受信側で訂正でき再送信の必要なし

となります．無論，誤り検出だけでなく，誤り訂正もやってくれるほうが便利な
のですが，誤り訂正をするためにはどうしても符号全体が長くなってしまい，そ
のための負担も大きくなるので，実際にはそのときの条件や目的に応じて使い分
けていく必要があります．誤り検出のできる符号を**誤り検出符号**（error
detecting code），誤り訂正のできる符号を**誤り訂正符号**（error correcting code）
といいます．一般に n 個の誤りが発生した場合のことを **n 重誤り**と呼びます．

　本節では誤り検出のできる符号化を中心に解説し，誤り訂正のできる符号化法
については次節で解説します．なお，前節の雑音のない場合の情報源符号化では
より高い効率の追求が目的となっていましたので，符号は各記号の生起確率に応
じた可変長符号となっていましたが，雑音のある場合，すなわち誤り検出／訂正
のできる符号の場合は，固定長符号が原則となります．したがって，各記号の生
起確率はまず関係しなくなります．

❸ ハミング距離

　いま，長さ n の2元 $(0，1)$ 符号系列 $X，Y$ を考えます．

　ハミング距離（Hamming distance）とは次のように定義される距離です．

$$d(X，Y) = \sum_{i=1}^{n} x_i \oplus y_i \tag{5-34}$$
$$X = x_1 x_2 \cdots x_n \quad (x_i = 0，1)$$
$$Y = y_1 y_2 \cdots y_n \quad (y_i = 0，1)$$

　ここで，演算子 $\oplus$ は**排他的論理和**（exclusive OR）であり，次のような演算を表
します．

$$\begin{cases} 0 \oplus 0 = 0 \\ 0 \oplus 1 = 1 \\ 1 \oplus 0 = 1 \\ 1 \oplus 1 = 0 \end{cases} \tag{5-35}$$

すなわち，通常の**論理和**（OR，$\vee$）と異なるのは，1と1のときに結果が0となる
ところだけです（論理和の場合は $1 \vee 1 = 1$ になります）．通常の2進数の足し
算では $1 + 1 = 10$ となりますから，排他的論理和は2進数の足し算の桁上げを
無視した形と思ってもよいでしょう．

　ハミング距離が k ということは，n 桁の2値のビット列のうち，k か所だけが
異なり，残りの $(n - k)$ か所は一致しているということです．

Example

$$n = 12$$
$$X = \overbrace{001011010010}$$
$$Y = 000011111010$$

(5-36)

$$\underbrace{\uparrow \quad \uparrow \uparrow}_{3 \text{か所}}$$

この場合 $d(X, Y) = 3$ となります.

いま, $n = 3$ の符号系列を考えてみましょう. この符号を x-y-z 軸からなる 3 次元空間上の座標位置と考えると, **図 5-9** のような 1 辺の長さが 1 の立方体になります. この立方体の八つの各頂点が符号系列となるのです. そして, 一つの頂点から他の頂点へ至る辺の数がハミング距離 d となります.

この立方体において, d が互いに 2 だけ離れた四つの頂点を符号語として使うと距離 2 の符号語になります. これは 1 か所の誤り検出が可能な符号となります. **図 5-10** にその様子を示します. 黒丸で示した頂点が符号語として使う頂点で, 受信結果が黒丸の付いていない頂点になったときは, 誤りが発生したことがわかります. ただし, 2 か所誤りが発生した場合は, 黒丸の付いている頂点へ移動しますので, 誤りは検出できません.

図 5-11 に距離 3 の符号語を示します. これはメッセージの 0, 1 をそれぞれ 000, 111 と符号化したものと見なせることから, **反復符号** (repetition coding) と呼ばれます. 復号の際には, 受信語の 0 と 1 のうち多いものを元のメッセージと

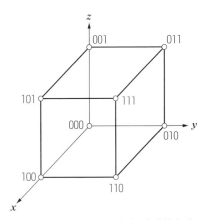

図 5-9 $n = 3$ の符号系列の立方体表現

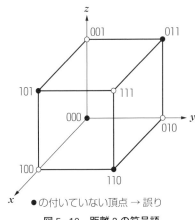

●の付いていない頂点 → 誤り

図 5-10 距離 2 の符号語

する**多数決論理復号**（majority logic decoding）が用いられます．この符号では，誤りが1か所だけならば，誤りの検出だけでなく訂正が可能となります．例えば，受信語が001，100，010ならば0と復号し，101，110，011ならば1と復号します．

以上述べた例は $n = 3$ の短い例でしたが，これを一般化して，最小ハミング距離 n の2元符号系列を符号語として用いる場合の誤り検出，訂正可能なビット数の上限は，次の**表5-2**のようになります．

前述の例を，当てはめてみると，**図5-10**の距離2の符号語では，$n = 2$ で $b = 1$ ですので，誤り検出は1ビット，誤り訂正は0ビットでできません．**図5-11**の距離3の符

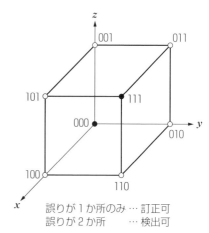

誤りが1か所のみ … 訂正可
誤りが2か所　　 … 検出可

図5-11　距離3の符号語（多数決論理復号）

表5-2　誤り検出／訂正可能なビット数

機能 ＼ 長さ	$n = 2b$ （偶数）	$n = 2b + 1$ （奇数）
誤り検出	$2b - 1$	$2b$
誤り訂正	$b - 1$	b

号語では $n = 3$ で $b = 1$ ですから，誤り検出は2ビット，誤り訂正は1ビットとなります．

4 パリティー検査法

パリティー（parity）というのは偶奇性という意味で，ビット列の中の0または1の合計が奇数か偶数かということをあらかじめ決めておいて，それによって誤りの発生を検出する方法があります．これが**パリティー検査法**（parity check procedure）と呼ばれる方法です．

いま，長さ n ビットの符号語 X を

$$X = x_1 x_2 \cdots x_n \quad (x_i = 0,\ 1) \tag{5-37}$$

とします．さらに，X に1ビットのチェックビットという検査用ビット c を後ろに付加した長さ $n + 1$ の符号語を次のように X' とします．

$$X' = x_1 x_2 \cdots x_n c \quad (x_i = 0,\ 1\ ;\ c = 0,\ 1) \tag{5-38}$$

ここで，X' 全体の排他的論理和を求めてそれを y とします．すなわち

$$y = x_1 \oplus x_2 \oplus \cdots \oplus x_n \oplus c \tag{5-39}$$

を計算します．**偶数パリティー検査法**とは，$y = 0$ になるようにチェックビット c を決めて送信する方法です．もし，受信側で $y = 0$ とならなければ，どこかで誤りが発生したと考えられますから，送信側に再送信を要求します．**奇数パリティー検査法**とは，$y = 0$ ではなくて $y = 1$ となるように c を決めて送信する方法で，考え方や性能はまったく同じです．これらのパリティー検査法では 1 か所や 3 か所といった奇数の誤りは検出可能ですが，2 か所や 4 か所といった偶数個の誤りはパリティー検査には現れてきませんので，検出不可能となります．

5 距離による誤り検出／訂正の原理

図 5-4 から図 5-6 では，長さ 3 の符号語を 3 次元空間中の点と見なして説明を行いました．これを拡張して長さ n の符号語を n 次元空間中の点と見なして考えてみます．このような高次元空間を**符号空間**（code space）といいます．長さ n ビットのビット列の種類は，1 ビットが 0 または 1 の 2 通りで，それが n 個続くわけですから，2^n 種類あります．しかし，それを全部符号語に割り当てるのではなく，通常はその中のほんの一部を符号語として割り当てるわけです．です

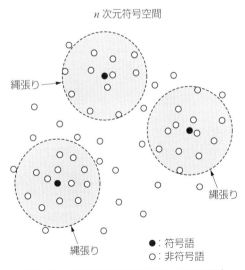

図 5-12　符号空間での誤り検出／訂正の概念

から，符号語に割り当てられたビット列以外の大部分のビット列は意味をもたないビット列です．この様子を n 次元空間では絵に書けませんから，平面に模擬的に書いたのが図 5-12 です．

　図中の●が符号語に割り当てられているビット列であり，○が何も割り当てられていないビット列です．誤りが発生すると，本来●のところに受信されるべき信号が○のところへ移ってしまうのです．それでも，誤りが1個や2個といった少ない場合は●に近い○のところへ移りますが，誤りがたくさんになるほど，本来の●から遠く離れた○のところへ移ってしまいます．それで，ある程度誤りが多くなってしまうと，本来自分が属すべき●から遠く離れて，他の●の近くへいってしまうのです．はなはだしい場合は他の●のところへぴったり重なってしまうのです．こうなるとどうしようもなくなってしまうのです．ぴったり重なってしまうと，誤りが発生したことすらわからなくなってしまいます．つまり，誤りの検出もできなくなります．それ以外の場合では，誤りの検出はできても訂正はできなくなってしまいます．わかりやすくいうと，各々の符号語である●にはそれぞれ縄張りがあって，縄張りの中の○に対しては誤り訂正ができるが，縄張りから飛び出してしまった○に対してはできないということです．また，縄張りも実は二重になっていて，内側の縄張りの中だと誤り訂正ができるが，外側の縄張りの中では誤りの検出しかできないということです．以上のことをもう少し，理論的に示したのが図 5-13 です．

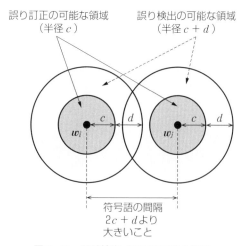

図 5-13　誤り検出／訂正の可能な領域

半径 c の中では誤り訂正ができます．この半径は誤りの個数になっているので，c 個の誤り，つまり c 重誤りまで訂正できます．c 個を超えると，その外側の厚さ d のドーナツ状の部分では誤りの検出だけが可能です．つまり，中心の符号語から $c + d$ までの半径内では，$c + d$ 個までの誤りの訂正あるいは少なくとも検出はできるわけです．しかしながら，これは他の符号語とのお互いの関係なので，符号語と他の符号語との距離は近づきすぎてはいけません．それを示したのが真ん中の符号間距離で，$2c + d$ より大きい距離でないといけません．整数ですから，$2c + d + 1$ 以上となります．

したがって，符号語間の**最小距離**（minimum distance）$d_{\min}$ は

$$d_{\min} \geqq 2c + d + 1 \tag{5-40}$$

となります．

Example

$d_{\min} = 5$ の符号は，次に示すように 3 種類の設定が可能です．

① $c = 2,\ d = 0$ ——→ 二重誤り訂正

② $c = 1,\ d = 2$ ——→ 一重誤り訂正かつ三重誤り検出

③ $c = 0,\ d = 4$ ——→ 四重誤り検出

最小距離がもっと大きい場合は当然もっと能力が向上します．このように，誤り検出と誤り訂正は本質的な違いはなく，最小距離を両者にどのように配分するかによって設定することができるものです．

5-4　誤り訂正のできる符号化法

前述したように，符号化において誤り訂正を行おうとすれば，必然的に効率は低下します．誤り訂正のできる符号化法の効率を評価するパラメータとして，次に述べる**情報速度** ρ があります．

$$\rho = \frac{（情報部分のビット数）}{（通信路符号語のビット数）} \tag{5-41}$$

情報速度は**符号化率**（code rate）と呼ぶ場合もあります．一般に符号化においては，単純に誤り訂正能力を増大させようとすれば，効率は低下していきます．つまり ρ は小さくなっていきます．

　前述の**図5-11**の距離3の符号語 (000，111) では，符号語としては長さ3ビットですが，符号語は2種類しかないために，情報としてもつことのできるのは0または1ということ，つまり1ビットの情報です．したがって

$$\rho = \frac{1}{3} \fallingdotseq 0.333$$

となります．

　以下に誤り訂正のできる符号化法の基本的なものについて説明します．なお，1個の誤り訂正ができる符号を**単一誤り訂正符号**（SEC, single error correcting code）といいます．単一誤り訂正符号は一般に誤り訂正は1個しかできませんが，誤りの検出だけならば複数個の誤りが検出可能です．とくに単一誤り訂正可能で，2個の誤り検出が可能な符号を **SEC/DED 符号**（single error correcting/double error detecting code）と呼びます．

■ 長方形符号と三角形符号

（1）長方形符号

　長方形符号（rectangular code）は1個の誤り訂正ができる基本的な符号化法で，**水平垂直パリティー検査符号**とも呼ばれます．いま，X を長さ nm の情報ビットとします．これを次のように n 行 m 列の行列で表現します．ここで，$x_{ij} = \{0, 1\}$ です．

$$X = \begin{bmatrix} x_{11} & x_{12} & \cdots & x_{1m} \\ x_{21} & x_{22} & \cdots & x_{2m} \\ \vdots & \vdots & \ddots & \vdots \\ \vdots & \vdots & \ddots & \vdots \\ x_{n1} & x_{n2} & \cdots & x_{nm} \end{bmatrix} \left. \vphantom{\begin{matrix}1\\2\\3\\4\\5\end{matrix}} \right\} n \,行 \tag{5-42}$$

$$\underbrace{}_{m\,列}$$

　この X にもう1行と1列を追加した行列を次のように符号語 Y とします．

$$\boldsymbol{Y} = \begin{bmatrix} x_{11} & x_{12} & \cdots & x_{1m} & p_1 \\ x_{21} & x_{22} & \cdots & x_{2m} & p_2 \\ \vdots & \vdots & \ddots & \vdots & \vdots \\ \vdots & \vdots & \vdots & \vdots & \vdots \\ x_{n1} & x_{n2} & \cdots & x_{nm} & p_n \\ q_1 & q_2 & \cdots & q_m & q_{m+1} \end{bmatrix} \Bigg\} \, n+1 \, 行 \qquad (5\text{-}43)$$

$$\underbrace{}_{m+1\,列}$$

ここで，$p_i\ (i = 1 \sim n)$ は次式で示す $\boldsymbol{X}$ の第 i 行の和とします．ただし，ここで使う和は算術和ではなくて，排他的論理和 $\oplus$ とします．

$$p_i = \sum_{j=1}^{m} x_{ij} \qquad (5\text{-}44)$$

$q_i\ (i = 1 \sim m)$ は次式で示す $\boldsymbol{X}$ の第 j 列の和とします．ただし，ここでも和は算術和ではなくて，排他的論理和 $\oplus$ とします．

$$q_j = \sum_{i=1}^{n} x_{ij} \qquad (5\text{-}45)$$

また，一番右下の要素 q_{m+1} は次式のように p_i の排他的論理和 $\oplus$ とします．

$$q_{m+1} = \sum_{i=1}^{n} p_i \qquad (5\text{-}46)$$

したがって，情報ビット $\boldsymbol{X}$ に付加するビットは

$$\left.\begin{array}{ll} p_i: & n\,個 \\ q_j: & m\,個 \\ q_{m+1}: & 1\,個 \end{array}\right\} \longrightarrow \begin{array}{l} 合計\,(n + m + 1)\,個のパリティーチェック \\ ビットを\,\boldsymbol{X}\,に付加 \Rightarrow 符号語\,\boldsymbol{Y}\,とする \end{array}$$

ということになります．

いま，送信側から $\boldsymbol{Y}$ を送信して，受信側で $\boldsymbol{Y}'$ を受信したとします．この $\boldsymbol{Y}'$ の中に 1 個の誤りがあり，それは第 i-j 要素であるとします．このとき，$\boldsymbol{Y}'$ の第 i 行と第 j 列のパリティーが奇数となります．したがって，第 i-j 要素が誤りであることがわかります．それがわかれば，第 i-j 要素を，0 ならば 1 に，1 ならば 0 に変更すれば誤り訂正ができたことになります．

この長方形符号について，情報速度 ρ を計算してみると

$$\rho = \frac{\overbrace{nm}^{\boldsymbol{X}\,の要素数}}{\underbrace{nm + \underbrace{n + m + 1}_{付加したビット}}_{\boldsymbol{Y}\,の要素数}} \qquad (5\text{-}47)$$

$n = m = 10$ のとき（情報ビット数 100）

$$\rho = \frac{100}{121} \fallingdotseq 0.826 \tag{5-48}$$

$n = m = 100$ のとき（情報ビット数 10000）

$$\rho = \frac{10000}{10201} \fallingdotseq 0.980 \tag{5-49}$$

となります．nm が大きくなってくると，かなり情報速度 ρ の高い効率のよい符号化法であることがわかります．

（2）三角形符号

三角形符号（triangular code）も，長方形符号と同じように 1 個の誤り訂正のできる基本的な符号化法です．以下に簡単な例について説明を行います．

いま，Y を情報ビットの長さ 10，パリティーチェックビットの長さ 5 で合わせて長さ 15 の符号語とします．これを次のように 5 行 5 列の行列で表現します．ここで，$x_{ij} = \{0,\ 1\}$ です．要素が行列の左上半分の三角形になっているので，三角形符号という名前が付いています．右下の空白の部分は無視します．

$$Y = \begin{bmatrix} x_{11} & x_{12} & x_{13} & x_{14} & p_1 \\ x_{21} & x_{22} & x_{23} & p_2 & \\ x_{31} & x_{32} & p_3 & & \\ x_{41} & p_4 & & & \\ p_5 & & & & \end{bmatrix} \Big\} \text{5 行} \tag{5-50}$$

$$\underbrace{\hspace{3cm}}_{\text{5 列}}$$

$p_i\ (i = 1 \sim 5)$ はパリティーチェックビットで，次のように定義されています．

$$p_1 = x_{11} \oplus x_{12} \oplus x_{13} \oplus x_{14}$$
$$p_2 = x_{21} \oplus x_{22} \oplus x_{23} \oplus x_{14}$$
$$p_3 = x_{31} \oplus x_{32} \oplus x_{13} \oplus x_{23}$$
$$p_4 = x_{41} \oplus x_{12} \oplus x_{22} \oplus x_{32}$$
$$p_5 = x_{11} \oplus x_{21} \oplus x_{31} \oplus x_{41} \tag{5-51}$$

これらの式はよくみるとわかりますが，各 p_i の左側にある x_{ij} と上側にある x_{ij} を全部，排他的論理和で和をとったものです．

　いま例えば x_{22} に誤りが発生したとしますと

$$p_2 = x_{21} \oplus x_{22} \oplus x_{23} \oplus x_{14}$$

$$p_4 = x_{41} \oplus x_{12} \oplus x_{22} \oplus x_{32}$$

が成り立たなくなります．したがってこの二つの式に共通の要素である x_{22} に誤りが発生したことがわかります．x_{22} を 0 なら 1 に，1 なら 0 に変えれば誤り訂正ができたわけです．

　以上は長さ 10 の符号についての例でしたが，これを一般化すると**図 5-14** のようになります．この図ですぐわかるように

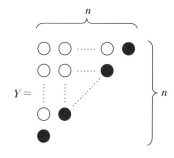

図 5-14　三角形符号

$$(p_i \text{の数}) = n \tag{5-52}$$

です．また，x_{ij} の数は，行列の全要素数 n^2 から p_i の数 n を引いた数の半分ということですから

$$(x_{ij} \text{の数}) = \frac{n^2 - n}{2} = \frac{n(n-1)}{2} \tag{5-53}$$

となります．したがって，情報速度 ρ は

$$\rho = \frac{n(n-1)/2}{n(n-1)/2 + n} = \frac{n(n-1)}{n(n-1) + 2n}$$

$$= \frac{n-1}{n+1} \tag{5-54}$$

となります．

Example

　前述の長方形符号のときとほぼ同じような情報ビット数で情報速度 ρ を計算してみると

　　$n = 15$ のとき（このとき x_{ij} の数 $=105$）

$$\rho = \frac{14}{16} \fallingdotseq 0.875 \tag{5-55}$$

　　$n = 142$ のとき（このとき x_{ij} の数 $=10011$）

$$\rho = \frac{141}{143} = 0.986 \tag{5-56}$$

したがって，式(5-48)，式(5-49)と比較すれば，長方形符号よりも若干効率がよいことがわかります．

2 ハミング符号

ここで説明する**ハミング符号**（Hamming code）は，一つの誤りを訂正可能で，最も情報速度を大きくできる符号で，シャノンのベル研究所（BTL）での同僚であったハミング（Richard W. Hamming, 1915-1998）の考案によるものです．

いま，全体の符号語長を n ビットとします．この n ビットの中には k 個の情報ビットが含まれているものとします．したがって，パリティーチェックビット（検査ビット）は残りの $(n - k)$ ビットです．いま，$(n - k)$ 個の検査ビットだけ並べたビット列を 2 進数としてみると，2^{n-k} 種類の値が表現可能です．すなわち，この値によって情報ビットのビット列の何番目の情報ビットが誤っているかを表現できます．

n ビットのビット列を受信したときに，1 ビット以下の誤りがあると仮定した場合，受信し得るビット列の種類は

・まったく誤りのない場合

・第 1 ビットが誤っている場合

・第 2 ビットが誤っている場合

$$\vdots$$

・第 n ビットが誤っている場合

の合計 $n + 1$ 種類です．長さ $(n - k)$ ビットの検査ビットでこれら $n + 1$ 種類の場合を表現するためには

$$2^{n-k} \geqq n + 1 \tag{5-57}$$

でなければなりません．これより

$$\frac{2^n}{2^k} \geqq n + 1$$

$$2^n \geqq (n + 1)2^k$$

$$\therefore \quad 2^k \leqq \frac{2^n}{n + 1} \tag{5-58}$$

となります．すなわち全体の符号語長 n ビットで，それに含まれる長さ k ビットの情報ビットを送信する場合の条件が上式となります．

このように，情報ビットにいくつかの検査ビットを一定の計算規則によって付加したもの全体を符号とする符号を**組織符号**（systematic code）と呼びます．とくに全体の符号語長がnビットで，そのうちの情報ビットがkビットである符号を一般に**(n, k)符号**と呼ぶ場合があります．等号の場合でnとkの組合せを計算してみると

$$n = 3 \longrightarrow k = 1$$
$$n = 7 \longrightarrow k = 4$$
$$n = 15 \longrightarrow k = 11 \tag{5-59}$$
$$n = 31 \longrightarrow k = 26$$
$$n = 63 \longrightarrow k = 57$$

となります．最初の$n = 3$，$k = 1$の場合は，**図5-11**の立方体で説明した距離3の符号語になります．

いま，簡単のために2番目の$n = 7$，$k = 4$の場合を例にとって考えてみます．符号語wを

$$w = (x_1, \ x_2, \ x_3, \ x_4, \ c_1, \ c_2, \ c_3) \tag{5-60}$$

とします．2元符号ですから，各xとcは0または1です．すなわち，前の四つは情報ビット，後ろの三つは検査ビットです．これら三つの検査ビットを次のように定義しておきます．

$$c_1 = x_1 \oplus x_2 \oplus x_3$$
$$c_2 = \quad\ x_2 \oplus x_3 \oplus x_4 \tag{5-61}$$
$$c_3 = x_1 \oplus x_2 \quad\ \oplus x_4$$

すなわち，各cは三つのx_iの和（排他的論理和，あるいは$\bmod 2$の和と考えても同じ）からなっており，各x_iは2か所（一つだけ3か所）に現れています．添字がそろって見やすくなるように，空白をあけてあります．上式で全部を片側に移項すると，

$$x_1 \oplus x_2 \oplus x_3 \quad\ \oplus c_1 \qquad\qquad = 0$$
$$x_2 \oplus x_3 \oplus x_4 \qquad \oplus c_2 \qquad = 0 \tag{5-62}$$
$$x_1 \oplus x_2 \quad\ \oplus x_4 \qquad\qquad \oplus c_3 = 0$$

となりますが，このように情報ビットと検査ビットの関係を「＝0」の形で表した式の組を**パリティー検査方程式**（parity check equation）といいます．「＝0」の形式で書いているということは，いい換えれば偶数パリティーチェックを使ってい

るということです（奇数パリティーチェックを使う場合は「=1」となります）.

　送信側での処理としては，式(5-61)にしたがって検査ビット c_1, c_2, c_3 を計算し，情報ビット x_1, x_2, x_3, x_4 に付け加えて式(5-60)の7ビット列を送信します.

　これを受信した側でのなすべき処理は，式(5-62)が本当に「=0」になるかどうかを調べることです. すなわち

$$s_1 = x_1 \oplus x_2 \oplus x_3 \qquad \oplus c_1$$
$$s_2 = \qquad x_2 \oplus x_3 \oplus x_4 \qquad \oplus c_2 \qquad\qquad (5\text{-}63)$$
$$s_3 = x_1 \oplus x_2 \qquad \oplus x_4 \qquad\qquad \oplus c_3$$

を計算します. $\oplus$ の計算ですので，各 s_i も0または1になります. その結果，s_1, s_2, s_3 のすべてが0になれば誤りはなかったことになります. しかし，それ以外の場合は誤りがあったことになります. この $(s_1\,s_2\,s_3)$ の組合せが誤りの箇所を示しており，これを**シンドローム**（syndrome）と呼びます. この言葉はもともと病気の症状を表す言葉ですが，ここでは誤りの症状という意味で使われています. つまり，このビット列が，病気でいえば，どこが悪いのかということを示しているということになるのです. 式(5-63)から，シンドロームと誤り箇所の関係がわかりますが，それをまとめたものが**表5-3**です.

表5-3　(7, 4)ハミング符号のシンドロームと誤り箇所（エラーテーブル）

誤り箇所	誤りパターン							シンドローム		
	x_1	x_2	x_3	x_4	c_1	c_2	c_3	s_1	s_2	s_3
なし	0	0	0	0	0	0	0	0	0	0
左から1桁目	1	0	0	0	0	0	0	1	0	1
左から2桁目	0	1	0	0	0	0	0	1	1	1
左から3桁目	0	0	1	0	0	0	0	1	1	0
左から4桁目	0	0	0	1	0	0	0	0	1	1
左から5桁目	0	0	0	0	1	0	0	1	0	0
左から6桁目	0	0	0	0	0	1	0	0	1	0
左から7桁目	0	0	0	0	0	0	1	0	0	1

　誤りのビットがわかれば，そこを反転（$0 \rightarrow 1$，$1 \rightarrow 0$）してやれば誤り訂正ができます．このようにして 1 ビットの誤り訂正ができます．**表 5-3** をみればわかりますが，情報ビットに誤りが起こった場合はシンドロームの 2 ビットが 1 となり，検査ビット自体に誤りが起こった場合にはシンドロームの 1 ビットが 1 になります．いずれにしても訂正が可能ということです．シンドロームのビットの並び $s_1 s_2 s_3$ がそのまま誤り箇所の桁位置を指す 2 進数にはなっていませんが，このような表（**エラーテーブル**と呼ぶ）を参照することによって誤り箇所がわかります．なお，式(5-60)において，c_1 を x_4 の前に置くことにより，シンドロームがそのまま誤りの桁位置を指す 2 進数にすることもできますが，その場合は情報ビットと検査ビットが交錯するので，厳密には組織符号とはいえなくなります．

　式(5-61)のように，検査ビットの値が情報ビットの線形な関数で定められる符号を**線形符号**（linear code）と呼びます．線形符号の特徴は，任意の二つの符号をビットごとに $\oplus$ で加算してやるとそれがまた符号になるという性質で，逆にこの性質があればそれは線形符号ということができます．

　この場合の情報速度を求めてみます．

$$\rho = \frac{n - k}{n} \tag{5-64}$$

$n = 2^k - 1$ とした場合

$$\rho = \frac{2^k - 1 - k}{2^k - 1} \tag{5-65}$$

となります．

Example

$$k = 3 \text{ のとき，} \rho = \frac{7 - 3}{7} = \frac{7}{4} \fallingdotseq 0.571$$

$$k = 20 \text{ のとき，} \rho = \frac{2^{20} - 1 - 20}{2^{20} - 1} \fallingdotseq 0.99998$$

このように情報ビット数 k が大きくなると情報速度 ρ は非常に 1 に近づきます．

3 ハミング符号の行列表現と一般化

　前項では (7, 4) ハミング符号をつくるのに，パリティー検査方程式をつくったのですが，これをすべて行列演算で表現することもできます．ただし，行列に

関する知識の乏しい人は，この項を読みとばしても差し支えありません．

表5-3の誤りがある場合の，情報記号 x_1, x_2, x_3, x_4 が誤った場合のところ，つまり上から4行だけを抜き出して，検査ビットのところへシンドロームを書き込んだ次のような4行7列の行列 G を考えます．

$$G = \begin{bmatrix} 1 & 0 & 0 & 0 & 1 & 0 & 1 \\ 0 & 1 & 0 & 0 & 1 & 1 & 1 \\ 0 & 0 & 1 & 0 & 1 & 1 & 0 \\ 0 & 0 & 0 & 1 & 0 & 1 & 1 \end{bmatrix} \tag{5-66}$$

ここで，見やすくするために4桁目と5桁目の間をあけていますが，あくまで便宜的なもので，行列としてはこのような空白はありません．また，情報ビットを4次元の行ベクトル

$$\boldsymbol{x} = [x_1 \quad x_2 \quad x_3 \quad x_4] \tag{5-67}$$

と表すと，符号語 w は7次元の行ベクトルとなり

$$\boldsymbol{w} = \boldsymbol{xG} = [x_1 \quad x_2 \quad x_3 \quad x_4] \begin{bmatrix} 1 & 0 & 0 & 0 & 1 & 0 & 1 \\ 0 & 1 & 0 & 0 & 1 & 1 & 1 \\ 0 & 0 & 1 & 0 & 1 & 1 & 0 \\ 0 & 0 & 0 & 1 & 0 & 1 & 1 \end{bmatrix}$$

$$= (x_1 \quad x_2 \quad x_3 \quad x_4 \quad x_1 \oplus x_2 \oplus x_3 \quad x_2 \oplus x_3 \oplus x_4 \quad x_1 \oplus x_2 \oplus x_4) \tag{5-68}$$

となります．これは式(5-60)に式(5-61)を代入した結果を表しています．このとき，行列 G を**生成行列**（generator matrix）と呼びます．すなわち (n, k) ハミング符号の符号語 $\boldsymbol{w}$（n 次元ベクトル）は情報記号 $\boldsymbol{x}$（k 次元ベクトル）と k 行 n 列の生成行列 G の積で表されます．

次にもう一つ，次のような3行7列の行列 H を考えます．これは表5-3の誤りがある場合のシンドロームのところを横にして，上から s_1, s_2, s_3 の順に書いたものです．

$$H = \begin{bmatrix} 1 & 1 & 1 & 0 & 1 & 0 & 0 \\ 0 & 1 & 1 & 1 & 0 & 1 & 0 \\ 1 & 1 & 0 & 1 & 0 & 0 & 1 \end{bmatrix} \tag{5-69}$$

この転置行列（行と列を入れ換えた行列）$H^\top$ をつくると

$$H^\top = \begin{bmatrix} 1 & 0 & 1 \\ 1 & 1 & 1 \\ 1 & 1 & 0 \\ 0 & 1 & 1 \\ 1 & 0 & 0 \\ 0 & 1 & 0 \\ 0 & 0 & 1 \end{bmatrix} \tag{5-70}$$

となります．この行列 $H^\top$ を用いると，シンドロームは 3 次元ベクトル s として

$$s = wH^\top$$

$$= [x_1 \quad x_2 \quad x_3 \quad x_4 \quad c_1 \quad c_2 \quad c_3] \begin{bmatrix} 1 & 0 & 1 \\ 1 & 1 & 1 \\ 1 & 1 & 0 \\ 0 & 1 & 1 \\ 1 & 0 & 0 \\ 0 & 1 & 0 \\ 0 & 0 & 1 \end{bmatrix}$$

$$= [s_1 \quad s_2 \quad s_3] \tag{5-71}$$

となり，式(5-63)が得られます．この 3 行 7 列の行列 H を**パリティー検査行列** (parity check matrix) または単に**検査行列**と呼びます．一般的には $(n-k)$ 行 n 列の行列となります．なお，厳密には送信側での符号語のベクトル w に対して，受信側では，これとは別に受信語のベクトルと誤りパターンベクトルを用いて記述しなければならないのですが，ここでは，話を簡単にするために同じ記号を用いました．

ここで簡単のために (7, 4) ハミング符号の例で説明してきましたが，より一般的な (n, k) ハミング符号での符号語長 n，情報ビット数 k，検査ビット数 $n-k$ の関係は次のようになります[9]．

$$n = 2^m - 1$$
$$k = 2^m - 1 - m$$
$$n - k = m \tag{5-72}$$

m は 2 以上の正整数で，(7, 4) ハミング符号の場合は $m = 3$ です．

❹ 巡回符号

（1）巡回符号の概念

ハミング符号は誤り訂正符号を学ぶための基本的な符号ですが，それをもう少し高度化した符号として**巡回符号**（cyclic code）というのがあります．これは，現在の実用的な誤り訂正符号である BCH 符号などの出発点ともいえる符号です．巡回符号の特徴の一つに，符号化や復号，誤り検出/訂正の演算回路が簡単に構成できるため装置化が容易なことがあります．巡回符号の基本は符号語を係数が 1 または 0 の多項式で表すことです．つまり，長さ n の符号語が

$$\boldsymbol{w} = [w_{n-1} \quad w_{n-2} \quad \cdots \quad w_1 \quad w_0] \tag{5-73}$$

ただし，$w_i = 0,\ 1\ \ (i = 0 \sim n-1)$ のとき，これを

$$F(x) = w_{n-1}x^{n-1} + w_{n-2}x^{n-2} + \cdots + w_1x^1 + w_0 \tag{5-74}$$

という $(n-1)$ 次の多項式で表します．このように符号語に対応する多項式を**符号多項式**（code polynomial）と呼びます．なお，以降で多項式といえば，係数が 1 と 0 の多項式を意味するものとします．この多項式 $F(x)$ を次のような二つの多項式の積として表します．ここで

n：符号語長，k：情報ビット数，$n-k$：検査ビット数

とします．

$$F(x) = \quad G(x) \quad Q(x) \tag{5-75}$$

$$\uparrow \qquad\qquad \uparrow \qquad\qquad \uparrow$$

$n-1$ 次　　$n-k$ 次　　$k-1$ 次

ここで $G(x)$ は $(n-k)$ 次の多項式とします．つまり，検査ビット数の次数に等しい特定の多項式です．この多項式 $G(x)$ を**生成多項式**（generator polynomial）と呼びます．したがって，後ろの $Q(x)$ は $(k-1)$ 次の多項式となります．

ここで，どんな $F(x)$ でも式(5-75)のように書けるわけではありません．式(5-75)のように書くためには，$F(x)$ が $G(x)$ で割り切れることが必要です．あらゆる $F(x)$ の中で，式(5-75)のように $G(x)$ で割り切れる $F(x)$ だけを符号多項式として使うことにします．ところで，生成多項式 $G(x)$ は符号多項式 $F(x)$ を割り切ることができればどんな多項式でもいいというわけではなく，$G(x)$ が $(x^n - 1)$ の因数になっていると都合がよいのです．つまり，$(x^n - 1)$ を因数分解した中に $G(x)$ が含まれているということです．このことを

$$G(x) \,|\, (x^n - 1) \tag{5-76}$$

というように記号表現します．この式が成り立つような最小の n を $G(x)$ の **周期**（period）と呼びます．定数項が 1 である多項式 $G(x)$ は必ず周期をもつことが証明されています．ところでどうして都合がよいかというと，このような条件を満たす $G(x)$ で割り切れて式(5-75)のように表現できる符号多項式 $F(x)$ で構成される式(5-73)の符号語 $\boldsymbol{w}$ は，**巡回置換**（cyclic shift）したものがまた，符号語になっているという性質をもっているからです（証明略，文献 [11] 参照）．このような符号語を **巡回符号** と呼ぶのです．巡回置換というのは式(5-73)の符号語で

$$
\begin{array}{cccccc}
[w_{n-1} & w_{n-2} & w_{n-3} & \cdots & w_1 & w_0\ ] \\
[w_{n-2} & w_{n-3} & \cdots & w_1 & w_0 & w_{n-1}] \\
[w_{n-3} & \cdots & w_1 & w_0 & w_{n-1} & w_{n-2}] \\
& \vdots & & & &
\end{array}
\tag{5-77}
$$

というように上位桁へ 1 ビットずつシフトし，端からはみ出した分は反対の端へもってくるという置換です．

（2）巡回符号生成の手順

次に，具体的に巡回符号をつくる手順を説明します．式(5-74)の符号多項式 $F(x)$ において，最高次 x^{n-1} の係数 w_{n-1} から順に k 個を情報ビットに当てはめます．いま，k 個の情報ビットを $[d_{k-1} \quad d_{k-2} \quad \cdots \quad d_0]$ とし，情報ビットだけからなる $(k-1)$ 次の多項式を $p(x)$ とすると

$$p(x) = d_{k-1}x^{k-1} + d_{k-2}x^{k-2} + \cdots + d_0 \tag{5-78}$$

となります．これを符号多項式 $F(x)$ の最高次 x^{n-1} からの係数として順に k 個を当てはめるには，x^{k-1} を x^{n-1} にもち上げねばなりません．x^{k-1} を x^{n-1} にするには x^{n-k} を掛ければいいので，上式は

$$x^{n-k}p(x) = d_{k-1}x^{n-1} + d_{k-2}x^{n-2} + \cdots + d_0 x^{n-k} \tag{5-79}$$

となります．この $x^{n-k}p(x)$ を符号多項式 $F(x)$ の上位の項に対応させるとしても，その後に続く x^{n-k-1} 次以下の項はどのように表せばよいでしょうか．そのためには，$x^{n-k}p(x)$ を生成多項式 $G(x)$ で割ります．そのときの商を $Q(x)$，余りを $R(x)$ とすると

$$x^{n-k}p(x) = Q(x)G(x) + R(x) \tag{5-80}$$

と書けます．余り $R(x)$ を左辺に移項して

$$x^{n-k}p(x) - R(x) = Q(x)G(x) \tag{5-81}$$

ここで，符号項の演算はすべて排他的論理和 $\oplus$ の演算ゆえ，$-R(x)$ は $+R(x)$ と同じこと（$\because$ $0 + 0 = 0,\ 1 + 1 = 0$ より $0 = -0,\ 1 = -1$ となるので，$+$ と $-$ は同じ結果となる）ですから，上式は

$$x^{n-k}p(x) + R(x) = Q(x)G(x) \tag{5-82}$$

と書けます．したがって，式(5-75)より符号多項式 $F(x)$ は

$$
\begin{aligned}
F(x) &= Q(x)\,G(x) \\
&= \underbrace{x^{n-x}p(x)}_{\text{情報ビット}} + \underbrace{R(x)}_{\text{検査ビット}}
\end{aligned}
\tag{5-83}
$$

と表すことができます．このように余り $R(x)$ は検査ビットとして使うことになります．

（3）簡単な巡回符号の例

このままでは抽象的でわかりにくいので，簡単な例で説明します．いま，符号長 $n = 7$，情報ビット $k = 4$，検査ビット $n - k = 3$ の場合を考えます．生成多項式として

$$G(x) = x^3 + x + 1 \tag{5-84}$$

を設定します．上式の $G(x)$ が前述の式(5-76)の巡回符号の条件を満たしているかどうか割り算をして確認してみましょう．いま，$x^n - 1$ は $x^7 - 1$ ですから，$x^7 - 1$ を $x^3 + x + 1$ で割ります．

$$
\begin{array}{r}
x^4 + x^2 + x + 1 \\
x^3 + x + 1 \overline{\big)\ x^7 \qquad\qquad\qquad -1} \\
\underline{x^7 + x^5 + x^4 \qquad\qquad} \\
x^5 + x^4 \qquad\qquad +1 \\
\underline{x^5 \quad\ + x^3 + x^2 \qquad} \\
x^4 + x^3 + x^2 \qquad +1 \\
\underline{x^4 \qquad + x^2 + x \qquad} \\
x^3 \qquad + x + 1 \\
\underline{x^3 \qquad + x + 1} \\
0
\end{array}
$$

となって割り切れます．この割り算を行うときに注意すべきことは，上述したように排他的論理和の演算ですから，引き算の結果のマイナスもすべてプラスとして扱うことです．したがって

$$x^7 - 1 = (x^4 + x^2 + x + 1)(x^3 + x + 1) \qquad (5\text{-}85)$$

となるので，$x^3 + x + 1$ は $x^7 - 1$ の因数となっていることがわかります．いま，$k = 4$ で情報ビットは 4 ビットですから，$2^4 = 16$ 種類の情報源記号があります．つまり 0000 から 1111 までです．この各情報源記号について式 (5-83) の $x^{n-k}p(x)$（この場合は $x^3p(x)$ となる）と $R(x)$ を求めて，その和である符号多項式 $F(x)$ を求めればよいのです．その $F(x)$ の係数列が求める符号語となります．$x^3p(x)$ は式 (5-78) から，情報源記号の多項式 $p(x)$ に x^3 を掛けるだけですから，すぐに求められます．$R(x)$ はその $x^3p(x)$ を生成多項式 $G(x)$ で割った余りですから，これもすぐに求められます．**表 5-4** にこのようにして求めた巡回符号を示します．

表 5-4 巡回符号の例

$(n = 7,\ k = 4,\ 生成多項式\ G(x) = x^3 + x + 1,\ R(x)\ は\ x^3p(x)\ を\ G(x)\ で割った余り)$

番号	情報ビット $d_3\,d_2\,d_1\,d_0$	$p(x)$	$x^3p(x)$	$R(x)$	$F(x) = x^3p(x) + R(x)$	符号語 $d_3\,d_2\,d_1\,d_0\,c_2\,c_1\,c_0$
0	0 0 0 0	0	0	0	0	0 0 0 0 0 0 0
1	0 0 0 1	1	x^3	$x + 1$	$x^3 + x + 1$	0 0 0 1 0 1 1
2	0 0 1 0	x	x^4	$x^2 + x$	$x^4 + x^2 + x$	0 0 1 0 1 1 0
3	0 0 1 1	$x + 1$	$x^4 + x^3$	$x^2 + 1$	$x^4 + x^3 + x^2 + 1$	0 0 1 1 1 0 1
4	0 1 0 0	x^2	x^5	$x^2 + x + 1$	$x^5 + x^2 + x + 1$	0 1 0 0 1 1 1
5	0 1 0 1	$x^2 + 1$	$x^5 + x^3$	x^2	$x^5 + x^3 + x^2$	0 1 0 1 1 0 0
6	0 1 1 0	$x^2 + x$	$x^5 + x^4$	1	$x^5 + x^4 + 1$	0 1 1 0 0 0 1
7	0 1 1 1	$x^2 + x + 1$	$x^5 + x^4 + x^3$	x	$x^5 + x^4 + x^3 + x$	0 1 1 1 0 1 0
8	1 0 0 0	x^3	x^6	$x^2 + 1$	$x^6 + x^2 + 1$	1 0 0 0 1 0 1
9	1 0 0 1	$x^3 + 1$	$x^6 + x^3$	$x^2 + x$	$x^6 + x^3 + x^2 + x$	1 0 0 1 1 1 0
10	1 0 1 0	$x^3 + x$	$x^6 + x^4$	$x + 1$	$x^6 + x^4 + x + 1$	1 0 1 0 0 1 1
11	1 0 1 1	$x^3 + x + 1$	$x^6 + x^4 + x^3$	0	$x^6 + x^4 + x^3$	1 0 1 1 0 0 0
12	1 1 0 0	$x^3 + x^2$	$x^6 + x^5$	x	$x^6 + x^5 + x$	1 1 0 0 0 1 0
13	1 1 0 1	$x^3 + x^2 + 1$	$x^6 + x^5 + x^3$	1	$x^6 + x^5 + x^3 + 1$	1 1 0 1 0 0 1
14	1 1 1 0	$x^3 + x^2 + x$	$x^6 + x^5 + x^4$	x^2	$x^6 + x^5 + x^4 + x^2$	1 1 1 0 1 0 0
15	1 1 1 1	$x^3 + x^2 + x + 1$	$x^6 + x^5 + x^4 + x^3$	$x^2 + x + 1$	$x^6 + x^5 + x^4 + x^3 + x^2 + x + 1$	1 1 1 1 1 1 1

（4）巡回符号の誤りの検出と訂正

符号多項式 $F(x)$ を受信側で受信したときの多項式を $F'(x)$ とします．誤りがない場合は，式(5-75)のままで

$$F'(x) = F(x) = G(x)Q(x) \tag{5-86}$$

となります．いま，通信路の雑音によって1個の誤りが発生する場合を考えます．誤りも雑音信号ですから，情報源記号と同じように次の多項式 $N(x)$ で表すことができます．

$$N(x) = x^i \quad (i = 0 \sim n-1) \tag{5-87}$$

受信信号は情報源記号に雑音信号が印加された結果ですから

$$F'(x) = F(x) + N(x) = G(x)Q(x) + x^i \tag{5-88}$$

となります．受信側ではこれを生成多項式 $G(x)$ で割ります．すると，誤りのない場合は余りは0となりますが，誤りのある場合は余りは0となりません．その余りとは，上式の第2項の x^i を $G(x)$ で割った余り $E(x)$ となります．この余り $E(x)$ から，誤りが起こった桁が判定できるので，そのビットを反転してやることにより，誤り訂正ができます．余り $E(x)$ は $(n-k-1)$ 次の多項式となります．前述の例で考えてみると，$E(x)$ は2次の多項式となりますから

$$E(x) = e_2 x^2 + e_1 x + e_0 \tag{5-89}$$

と表現できます．この係数 $[e_2 \ e_1 \ e_0]$ の組合せによって誤り発生ビットがわかります．この結果を**表5-5**に示します．

表5-5　巡回符号による誤り訂正
（かっこ内の c_2, c_1, c_0 は検査ビットゆえ，とくに訂正する必要はない）

誤りビット	e_2	e_1	e_0	誤り訂正
d_3	1	0	1	d_3 を反転
d_2	1	1	1	d_2 を反転
d_1	1	1	0	d_1 を反転
d_0	0	1	1	d_0 を反転
c_2	1	0	0	（c_2 を反転）
c_1	0	1	0	（c_1 を反転）
c_0	0	0	1	（c_0 を反転）
なし	0	0	0	誤りなし

（5）短縮化巡回符号（擬巡回符号）

　符号長 n の巡回符号の定義とは，式(5-76)で示したように，生成多項式 $G(x)$ が $(x^n - 1)$ の因数であるということでした．しかし，実際には，この条件が成り立つのは情報ビット数 k が特定の値をとるときだけであり，一般的に成り立つわけではありません．しかしながら，この条件が成り立たない場合でも，誤り訂正符号としては十分に実用が可能ですので，このような符号を**短縮化巡回符号**（shortened cyclic code）または**擬巡回符号**（pseudo-cyclic code）と呼んでおり，前述した本来の巡回符号と合わせて**広義の巡回符号**と呼んでいます．このような広義の巡回符号を用いた誤り検出方式を **CRC 方式**（cyclic redundancy check system）と呼び，広く実用化されています．生成多項式 $G(x)$ は自由に設定されているわけではなく，次のような決まった多項式が使用されています．最も一般的なのは，CCITT（国際電信電話諮問委員会）の勧告による **CRC-CCITT** と呼ばれる多項式

$$G(x) = x^{16} + x^{12} + x^5 + 1 \tag{5-90}$$

で，日本でも JIS C 6363 として標準化されています．このほかにも米国標準の **CRC-16** と呼ばれる多項式

$$G(x) = x^{16} + x^{15} + x^2 + 1 \tag{5-91}$$

や，6 ビットキャラクタ用の **CRC-12** と呼ばれる多項式

$$G(x) = x^{12} + x^{11} + x^3 + x^2 + x + 1 \tag{5-92}$$

などがあります[11]．

（6）原始多項式と巡回ハミング符号

　一般に t 次の多項式には，係数の 1 と 0 の組合せによってたくさんの種類が考えられます．また，前述したように定数項が 1 である多項式は必ず周期をもっています．それらの中で最大の周期 p をもつ t 次の多項式を**原始多項式**（primitive polynomial）と呼びます．そしてその最大の周期 p は

$$p = 2^t - 1 \tag{5-93}$$

となることがわかっています．つまり，原始多項式を $G(x)$ とすると，$G(x)$ は $x^p - 1$ の因数となっています．**表5-6** に原始多項式を $t = 1 \sim 20$ について示します．同じ次数でも原始多項式はいろいろありますが，ここでは最も短くなる原始多項式を示してあります．

　周期が p である t 次の原始多項式を生成多項式 $G(x)$ とする符号語長 $n = p$ の

表 5-6　原始多項式の例

次数 t	原始多項式	次数 t	原始多項式
1	$x + 1$	11	$x^{11} + x^2 + 1$
2	$x^2 + x + 1$	12	$x^{12} + x^6 + x^4 + x + 1$
3	$x^3 + x + 1$	13	$x^{13} + x^4 + x^3 + x + 1$
4	$x^4 + x + 1$	14	$x^{14} + x^{10} + x^6 + x + 1$
5	$x^5 + x^2 + 1$	15	$x^{15} + x + 1$
6	$x^6 + x + 1$	16	$x^{16} + x^{12} + x^3 + x + 1$
7	$x^7 + x + 1$	17	$x^{17} + x^3 + 1$
8	$x^8 + x^4 + x^3 + x^2 + 1$	18	$x^{18} + x^7 + 1$
9	$x^9 + x^4 + 1$	19	$x^{19} + x^5 + x^2 + x + 1$
10	$x^{10} + x^3 + 1$	20	$x^{20} + x^3 + 1$

符号を考えてみます．つまり，符号長が周期に等しい符号です．この符号は

符号語長　　：$n = p = 2^t - 1$
情報ビット数：$k = p - t = 2^t - 1 - t$
検査ビット数：$n - k = t$　　　　　　　　　　　　　　　　　(5-94)

の単一誤り訂正符号となりますが，これは前項で述べたハミング符号と等価となります．それでこのような巡回符号のことを**巡回ハミング符号**（cyclic Hamming code）と呼びます．

　巡回符号はディジタル放送の分野で盛んに利用されています．その中でとくに $(n, k) = (272, 190)$ である **(272, 190) 符号**がよく使われており，8ビットまでのランダム誤りの訂正能力があります．(272, 190) 符号は復号回路が1チップLSI化されており，衛星放送やハイビジョン放送で盛んに使われています[18]．

5 高度な誤り訂正符号

　以前に説明したハミング符号は単一誤り訂正符号です．つまり一つの誤りしか訂正できません．これを二つ以上の誤りでも訂正できるようにするにはどのようにすればよいでしょうか．**表5-2**によれば，b 個の誤りを訂正するには $2b + 1$ ビットの長さの符号を使えばよいことになっています．確かに1個の誤りを訂正

するには最小のハミング距離が3の符号（多数決符号）で可能であり，この式の通りです．この式によれば，2個の誤りを訂正するには最小のハミング距離が5の符号をつくればよいことになります．しかし，かなりの通信工学の研究者が追求しましたが，その結果，実際にこのようなハミング符号をつくることはきわめて困難なことがわかりました．

　一方，ハミング符号で二つ以上の誤り訂正を行うよりも，別の方法で実現することができました．それは通信工学の研究者ではなくて，統計学者が考案した**BCH 符号**（Bose-Chaudhuri-Hocquenghem code）と呼ばれる符号です．この名前は考案した3人の研究者ボーズ（R. C. Bose），チャウドリー（D. K. Ray-Chaudhuri），オッケンジェム（A. Hocquenghem）の頭文字を連ねた名前です．インドのボーズとチャウドリーは共同研究で，フランスのオッケンジェムは独立に同様の研究をしていました．ハミング符号，巡回符号は2進数の演算を基礎とした方法ですが，BCH 符号は**ガロア体**（Galois field）と呼ばれる有限数学を基礎とする方法で，今日きわめて一般的に実用化されている重要な誤り訂正符号です．q 元のガロア体は $GF(q)$ と書き，q を**位数**（order）と呼びます．位数は素数のべき乗に限られています．位数が2の一番簡単なガロア体である $GF(2)$ は本書で使ってきた2を法とする演算，つまり mod 2（modulo 2）の演算にほかなりません．mod 2 の演算というのは，加算については排他的論理和，乗算については整数積を用いる演算です．ガロア体の詳しい内容は高度になるので，本書では説明は略しますが，興味のある人は参考文献の A 群の各文献を参照してください．なお，BCH 符号の特別な一形態として CD などのオーディオ関係やコンピュータの光ディスク装置などの誤り訂正に広く使われている符号に**リード-ソロモン符号**（Reed-Solomon code，**RS 符号**）というのがあります（117 ページ，「談話室」参照）．また，通信路符号化定理が示す通信路容量に近い伝送速度をもつものとして**低密度パリティー検査符号**（low density parity check code，**LDPC 符号**）があります．

　通信途中における誤りは三つの種類があります．第1は誤りがぱらぱらと散発的に発生する場合で，**ランダム誤り**（random error）と呼びます．第2は誤りがある箇所に密集して連続発生する場合で，**バースト誤り**（burst error）と呼びます．

　第3は**バイト誤り**（byte error）で，メッセージをバイト単位で区切って伝送す

る場合に，誤りが起こった箇所をバイト単位で訂正処理する方式をいいます（た
だし，ここでいうバイトとは 8 ビットとは限りません）．第 1 と第 2 を比較する
と，一見前者のほうが誤り訂正がしやすく，後者は難しいような気もしますが，
実際は同じ個数の誤りであれば，ランダム誤りよりもバースト誤りのほうが誤り
訂正がしやすいのです．バースト誤りを訂正できる符号としては**アブラムソン符号**（Abramson code），**ファイア符号**（Fire code），日本の**嵩符号**（Kasami code）
などがあります．

　ファイア符号は巡回符号の一種で，コンピュータの磁気ディスク装置などに利
用されており，例えば，4 ビット以下のバースト誤りを訂正し，10 ビット以下の
誤りを検出する能力があります．嵩符号はより効率をよくした符号です．これら
はすべてブロック符号で，各ブロックを他のブロックとは無関係に独立して扱う
考え方の符号です．

　各ブロックは互いに独立ではなくて，以前のいくつかのブロックに依存すると
いう考え方に基づく符号として，**たたみ込み符号**（convolutional code）があります．たたみ込み符号は**非ブロック符号**として分類されます．依存するブロックの
数を**拘束長**（constraint length）といいます．たたみ込み符号は，同程度の複雑さ
のブロック符号と比較するとより高い誤り訂正能力をもち得るといわれており，
そのために，とくに誤りの多い通信路に有用であるといわれています．

　たたみ込み符号を用いた高効率の符号として**ターボ符号**（turbo code）が実用
化されています．

談話室

CD における誤り訂正

　CD（コンパクトディスク）は DAD（ディジタルオーディオディスク）とも呼ばれ，音楽の記録媒体として広く使用されています．CD が普及する以前は，レコードと呼ばれるものが使われていました．

　レコードは溝に刻み込んだアナログの音声信号を物理的な振動としてピックアップカートリッジが拾い上げ，それを増幅するしくみですので，いったん傷付けると，それがもろに雑音として増幅されます．溝を横切るような傷が付くと，1 回転するごとに傷の箇所にくるので，ブツッ，ブツッというふうに雑音が周期的に入ります．とくに古いレコードなどは，長く使っているうちに傷だらけになってくるので，ザーザーと雑音が多くなります．また，ピックアップカートリッジの針先にほこりなどのゴミがたまると，とたんに音がゆがみます．しかし，アナログの素朴で繊細な音が，いまではマニアに人気になっています．

　CD はどうでしょうか．少々の傷では雑音になりません．また，長く使っていても雑音が増えることはありません．これは，CD が基本的には 0 と 1 の 2 進数で音楽を記録しており，記録されている 0 と 1 が正しく検出されさえすれば，完全に元の信号が再生されますので，雑音が入り込む余地がないからです．しかしながら，通信路と同じように復号するときに，やはり誤りが生じる可能性があります．そのためにかなり強力な誤り訂正機能が PC や CD プレイヤーには装備されています．それには，本文でも書いた BCH 符号の一形態であるリード-ソロモン符号（Reed-Solomon code）という誤り訂正符号が採用されています．この符号の詳しい説明は相当難解になりますので省きますが，とにかく CD にはきわめて高度な誤り訂正が用いられているということを知るだけでもいいと思います．

　さらに，連続した符号を場所的に離しているので，CD に傷が付いた場合でも，レコードのように顕著な雑音となって現れることは少ないのです．試しに，いらなくなった CD に釘か何かで傷を付けてから再生する実験をしてみたら面白いと思います（なお，CD では，信号が記録されているのは曲名などの文字が書いてあるオモテではなく，何も書いていない裏側です．オモテに傷をつけても実験にはなりません）．けれども，万が一にも耳やスピーカを傷めないために，小さな音量から始めるべきでしょう．

問 題

Q5.1 符号語数 $M = 8$ で，符号語長が
$$\{g_1,\ g_2,\ g_3,\ g_4,\ g_5,\ g_6,\ g_7,\ g_8\} = \{2,\ 2,\ 3,\ 3,\ 4,\ 4,\ 5,\ 5\}$$
の2元符号は構成可能かどうかを調べなさい．

Q5.2 次のような情報源 A をシャノン-ファノの符号化法で符号化しなさい．また，その場合の効率を求めなさい．

$$A = \begin{bmatrix} A_1 & A_2 & A_3 & A_4 & A_5 & A_6 \\ 0.04 & 0.11 & 0.24 & 0.37 & 0.08 & 0.16 \end{bmatrix} \begin{matrix} \leftarrow 記号 \\ \leftarrow 生起確率 \end{matrix}$$

Q5.3 前問の情報源 A をハフマンの符号化法で符号化しなさい．また，その場合の効率を求めなさい．

Q5.4 アルファベット {a, b, c} をもつ情報源からの記号列 a a c a b a a を LZ 符号化法で順序対に符号化しなさい．さらにそれを2元符号化しなさい．ただし，a, b, c はそれぞれ 00，01，10 と符号化すること．

Q5.5 「あ」から「ん」までの50音順の46文字の平仮名文字集合を考えます．まず，全文字の生起確率がすべて均等である場合の冗長度 γ_0 を求めなさい．次にいま母音（「あ」行）はそれ以外の文字と比べて3倍の生起確率をもっていると仮定します．この場合の冗長度 γ を求めなさい．

Q5.6 本文5-4節 **2** の (7, 4) ハミング符号で
$$11001$$
という符号語を受信しました．この符号語に誤りはあるでしょうか．誤りがあるとすればどのビットですか．

6 暗号による通信と情報セキュリティ

　暗号という言葉はひと昔前までは軍事や外交の場面でのみ使われるもので，一般庶民には縁のない言葉であったようです．暗号というと戦争やスパイといったものが連想され，文字どおり暗いイメージがあった感もあります．しかし情報化社会，ネットワーク社会と呼ばれる現代において，暗号はきわめて重要な地位を占めるようになってきました．誰もがスマートフォンを使って話をし，日常茶飯事に SNS や電子マネーを使う現代社会において，組織としての，あるいは個人としての秘密やプライバシーの保持，資産の保護のために，暗号はきわめて重要な基盤技術の一つとなってきました．暗号化して送るということは，従来の郵便でいえば，他人に読まれてもかまわない場合は葉書で送るが，読まれたくない場合は封書にするというのと同じことなのです．つまり，暗号化はいわば“電子封筒”とでもいえるでしょう．

　暗号理論は情報理論の中の一つの分野でもあります．ここでも，情報理論の始祖ともいえるシャノンが基礎的な理論を構築しています．

6-1　暗号のモデル

　暗号（cryptography）は情報の**セキュリティ**（security）のために不可欠な技術です．セキュリティというのはひと口でいえば安全性ということで，情報のセキュリティというのは，情報の破壊や**盗聴**（eavesdropping）を防止することです．盗聴というのは，文字どおり電話などの音声を盗み聴くという意味だけではなく，広くあらゆる情報を盗むということを意味します．例えば他人の PC のファイルを本人の了承なく無断で自分の PC へコピーすれば，その情報を盗んだことになり，盗聴ということになります．情報はふつうの物質と違って，盗まれても元の情報はそのまま元の場所に存在しているので，盗まれたことになかなか気がつかないという特性があります．このためにも，盗まれないように十分なセ

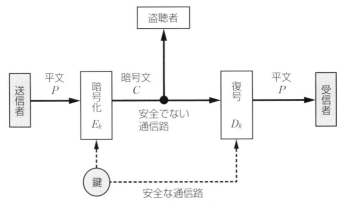

図 6-1　暗号のモデル

キュリティを施しておく必要があるといえます．情報のセキュリティの対象となる情報とは，外交，軍事などの国家機密，企業秘密，研究上の秘密，個人情報（プライバシー）等々たくさんあります．

　シャノンは，情報理論の立場から暗号の基礎理論を構築しました．シャノンによる暗号のモデルを**図 6-1**に示します．

　この図では次の 2 種類の文，すなわち**平文**（plain text）と**暗号文**（cipher text, cryptogram）があります．

　　　平文 P 　：元の通報（そのまま読める文）

　　　暗号文 C：暗号化された通報（読めない文）

送信側と受信側での基本的処理を以下に示します．

〈送信側〉

　暗号化関数 E_k によって平文 P を暗号文 C に変換します．暗号化関数 E_k とは，暗号化関数系 E の膨大な集合の中から鍵（key）k によって選ばれた一つの関数です．E_k の備えるべき条件として，容易に計算可能な関数であることが必要です．なぜならば，高速コンピュータを使っても計算に長い時間がかかるような関数では，実用には使えないからです．

$$C = E_k(P) \tag{6-1}$$

〈受信側〉

　復号関数 D_k によって暗号文 C を平文 P に変換します．復号関数 D_k とは暗号化関数 E_k の逆関数 E_k^{-1} です．D_k の備えるべき条件として，E_k と同様に容易に計算可能な関数であることが必要です．理由も同じです．

$$D_k = E_k^{-1} \tag{6-2}$$

$$D_k(C) = E_k^{-1}\{E_k(P)\} = P \tag{6-3}$$

また，同図下部の安全な，あるいは安全でない通信路というのは次のような意味です．

・安全でない通信路 —— 原理的に盗聴される可能性あり

　　　　　　　　　　　電話回線，ネットワーク回線など，すなわち一般の

　　　　　　　　　　　電気通信の回路

・安全な通信路　　 —— 原理的に盗聴される可能性なし

　　　　　　　　　　　文書の手渡し，書留郵便，IC カード手渡しなど

　暗号を正規の受信者が受信して元の文章（平文）に戻すことは**復号**といいますが，**盗聴者**（eavesdropper）が不法に暗号文を入手して平文に戻すことを**攻撃**（attack）といいます．盗聴者が暗号文を入手することはなかなか防止が困難ですから，入手しても解読できないように暗号を強固に構築することが最も重要なことなのです．

談話室

上杉謙信の暗号

　日本の暗号といえば，太平洋戦争のときに使われた「ニイタカヤマノボレ」という暗号が有名ですが，もっと以前の昔の武将も暗号を使っていました．下に示すのは，上杉謙信の使っていた座標式暗号と呼ばれる換字式暗号です[16]．一つの文字を上欄（あ～れ）と左欄（つ～し）の組合せで表します．例えば，「い」は「あつ」となります．この表で暗号をつくると，例えば

「たけだしんげんをせめほろぼす」は

「のれふなのれくしれえふなれえきみれくくみあみあれあみれみ」

となります（濁音は無視しています）．

れ	く	ふ	ゆ	の	き	あ	→↓
ゑ	あ	や	ら	よ	ち	い	つ
ひ	さ	ま	む	た	り	ろ	れ
も	き	け	ゐ	れ	ぬ	は	な
せ	ゆ	ふ	の	そ	る	に	く
す	め	こ	お	つ	を	ほ	み
ん	み	え	く	ね	わ	へ	え
—	し	て	—	な	か	と	し

6-2　簡単な暗号例

1 シーザー暗号

　まず最も簡単な暗号を説明しましょう. 例えば

　　　JOUHOURIRON

を暗号化した結果は

　　　MRXKRXULURQ

となります. 種明かしをすれば簡単です. アルファベットを後ろへ3文字ずらせ
ただけです. A → D, B → E, というようにです. 後ろのほうは前のほうへ循環
的にずらせて, W → Z, X → A, Y → Bというようにします. このような暗号を
シーザー暗号（Caeser cipher）といいます. ずらせる文字数は別に3でなくても
いくつでもいいのですが, とくに古代ローマの政治家であったジュリアス・シー
ザーは3をよく使ったのでこの名前が付いています（4文字手前という説もあ
る）. このような暗号の基本的な考え方は, 要するに文字を他の文字に置き換え
ていく方法で, **換字暗号**（substitution cipher）と呼ばれます. すなわち, 一定の
置換規則を用いて文字を置き換えるだけの暗号です.

2 単文字換字暗号

　シーザー暗号のように単純にアルファベットをずらすのではなく, 文字を1文
字ずつ違った形で置き換える方法を**単文字換字暗号**といいます. 一例として次の
ような置換を考えます. 英大文字26字の置換です. 便宜上4文字ずつに区切っ
て示しますが, 空白にはとくに意味はありません.

$$\sigma = \begin{pmatrix} ABCD & EFGH & IJKL & MNOP & QRST & UVWX & YZ \\ GKNR & CLQA & VZMB & FISU & TWXJ & YPOE & HD \end{pmatrix}$$

$$(6\text{-}4)$$

この置換を用いて, 例えば次のような暗号化ができます.

　　　JAPANTOKYO　　　　平文

　　　　　↓σ　暗号化　　　↑σ^{-1}　復号

　　　ZGUGIJSMHS　　　　暗号文

この暗号の場合，鍵は置換 σ そのものです．あるいは σ を示す番号が鍵となります．σ^{-1} で置換 σ の逆置換を表します．鍵の種類の数は置換の種類の数となりますから

$$26 \times 25 \times 24 \times \cdots \times 3 \times 2 \times 1 = 26! \fallingdotseq 4 \times 10^{26} \tag{6-5}$$

となります．これは膨大な数ですから，盗聴者が鍵を知るために置換を一つずつ全部調べることは時間的に難しくなります．

置換を用いた暗号化法には次の二つの種類があります．

$$\begin{cases} 逐次暗号 \cdots\cdots\cdots 1 文字ずつ暗号化する \\ ブロック暗号 \cdots\cdots 一定長のブロックを一括して暗号化する \end{cases}$$

前述した単文字換字暗号は前者の例です．後者の例としては，次に述べるような転置暗号があります．

❸ 転置暗号

転置暗号は，文字列を長さ n のブロックに区切り，そして，各ブロックの文字順序を置換規則で入れ換えるだけです．例えば簡単な例として，$n = 5$ で置換 τ を

$$\tau = \begin{bmatrix} 1 & 2 & 3 & 4 & 5 \\ 3 & 1 & 5 & 2 & 4 \end{bmatrix} \tag{6-6}$$

とします．この意味は1番目の文字→3番目へ，2番目の文字→1番目へ，3番目の文字→5番目へ，などということです．すると置換結果は例えば

```
        JAPAN   TOKYO
τ⁻¹↑      ↓τ      ↓τ      ↑τ⁻¹
        AAJNP   OYTYK
```

となります．τ^{-1} で置換 τ の逆置換を表します．鍵の種類は長さ n ですから

$$n(n-1)(n-2)\cdots 3 \times 2 \times 1 = n! \tag{6-7}$$

となります．$n = 5$ の場合，$n! = 120$ と少ないですが，実際には n はもっと大きいので，$n!$ は膨大な数になり，やはり盗聴者が一つずつ調べて鍵を知ることは難しくなります．

可能なすべての鍵をしらみつぶしに調べる攻撃を**総当たり攻撃**（brute force attack）と呼びます．これらの暗号化法に総当たり攻撃を用いることは，種類の数が膨大となるため，簡単ではなくなります．

しかしながら，これはあくまで原理的にという話で，暗号解読の専門家の手によれば，平文 P がある程度以上の長さの英文であれば，英文のもつ統計的性質を利用して解読が可能な場合が多いそうです．英文のもつ統計的性質とは，例えば出てくる文字では "E" が多いとか，"THE" の組合せが多いなどといった事柄です．長さとしては，ふつうは 25 文字以上あれば解読可能といわれています．このような内容をテーマとした話として作家エドガー・アラン・ポーの「黄金虫」という小説があります（「談話室」参照）．

談話室

ポーの黄金虫とは

　米国のエドガー・アラン・ポーの小説「黄金虫」の中で，英文の暗号を解読する場面が出てきます．小説のあらすじは次のようなものです．語り手である「私」の友人のウィリアム・ルグランという人が主人公で，彼は裕福だった祖先の末裔ですがいまは貧乏になって，南カロライナ州のサリヴァン島に召使のジュピターと 2 人で住んでいました．ある日，ルグランは黄金色をしたカブトムシを捕まえるのですが，そこへ「私」が訪問したことがきっかけで，ルグランは海賊の隠した財宝探しにとりつかれてしまいます．ルグランは何日間も一心不乱に海賊の残した謎解きに没頭し，ついにその謎を解いて，「私」とジュピターとともにその財宝を掘り当てるというお話です．その謎解きの第 1 段階が，海賊の残した暗号文の解読なのです．元の暗号文は次のようなものです．

　　　53 ‡‡†305))6 * ;4826)4‡):806 * ;48†8¶60))85;1‡(::
　　　‡ * 8†83(88)5 * †;46(;88 * 96 * ?;8) * ‡ ……

実際にはこの 2 倍半くらいの長さがあります．もちろん，このままでは何もわからず，さっぱり読めません．この暗号の解読結果は，以下のような英語の平文となります．

A good glass in the bishop's hostel in the devil's seat—forty-one degrees and thirteen minutes——northeast and by north——main branch seventhlimb east side ......

となります．この解読手順は小説の中で詳しく説明されています．平文の和訳は，「僧正の旅篭悪魔の腰掛けにて良き眼鏡——41 度 13 分——北東微北——東側第 7 の大枝——どくろの左目より射る——樹より弾を通して 50 フィート外方に直距線」となります（訳が古いので言葉も少し古い）．

　しかし，この文だけではまだどういう意味なのかわかりません．ルグランは，さらにこの文の意味していることを謎解きして，ついに財宝を見つけるのです．

作者のポー自身が一時，暗号法に熱中していたそうですので，この作品が生まれ
たのでしょう．しかし，コンピュータも何もない時代ですから，大変だったので
はないでしょうか．興味のある人は是非読んでみるといいと思います．現在では
廉価な文庫本（巽孝之訳：モルグ街の殺人・黄金虫，新潮社，2009 など）で手に
入ります．

6-3　暗号の安全性

　これまでに述べた基本的な暗号では，残念ながら，現在では，専門家の手にか
かれば簡単に解読されてしまうことがわかっています．それでは暗号の安全性と
は何でしょうか．暗号の安全性というのは，暗号が万が一，盗聴者の手に渡って
も解読されない強さのことをいいます．

　暗号で元来，秘密にしなければならないのは鍵 k だけです．暗号化関数系 E
（暗号化関数 E_k の膨大なる集合）は秘密にする必要はありません．秘密にすると
いうことは，もしそれがばれてしまったときにすぐさま他のものに変更しなけれ
ばなりませんが，暗号化関数系 E は膨大な集合なので，容易に他のものに変更す
るということが困難だからです．また，あえて秘密にする必要がまったくないか
らです．

　ところで，盗聴者とはどういう能力をもつ人物と考えればよいのでしょうか．
一般に，盗聴者の設定像は次のような人物と考えられています．

- ・暗号化関数系 E の完全な知識をもつ
- ・平文 P についての統計的性質を知っている（例えば，英文の統計的性質
  など）
- ・大量の平文 P と，その暗号文 C をもっている（暗号化の例文をたく
  さんもっているということ）

すなわち，盗聴者は暗号をつくっている専門家と同じ能力や環境をもっていると
いうことで，簡単にいえば盗聴者も暗号の専門家ということです．

　暗号の安全性については次に述べる 2 種類の安全性があります．

1 無条件に安全な暗号

　原理的に解読不可能な暗号で，1回限りしか使わない乱数による**使い捨て鍵**（one time pads）を用いた暗号が**無条件に安全**（unconditionally secure）**な暗号**です．具体的にはバーナム（Gilbert Vernam）による**バーナム暗号**（Vernam cipher）と呼ばれる暗号化方式です．平文に同じ長さの乱数列を加算して暗号文をつくります．簡単な例について説明します．

　英文を A から Z まで 0 からの番号で表すとします．つまり

$$A \to 0,\ B \to 1,\ C \to 2,\ \cdots,\ Y \to 24,\ Z \to 25$$

とします．

Example

```
G   I   A    N    T    S
6   8   0   13   19   18
+   +   +    +    +    +
23  7   20  15    2    9   ←乱数列（1回しか使わない）
↓   ↓   ↓    ↓    ↓    ↓
3   15  20   2   21    1   ← mod 26 の演算
D   P   U    C    V    B
```

　　　　　　暗号文 ← 鍵を入手しない限り，解読は不可能

ここで，足し算は mod 26（modulo 26，モジュロ 26，すなわち 26 を法とする演算）の演算で行うものとします．つまり，足した結果を 26 で割った余りを答えとします．例えば，$6 + 23 = 29$ ですが，それを 26 で割った余り 3 を答えとします．受信した暗号を復号するには，その文字番号から乱数表を引いたらよいのです．引いた結果が負になるときは 26 を足せば平文の文字番号が得られます．例えば最初の D では，$3 - 23 = -20$ ですが，$-20 + 26 = 6$ となって元の文字が得られます．

　このようにしてできた暗号文は，鍵に何らの生成式や根拠がないので，鍵そのものを直接入手しない限り，解読は原理的にまったく不可能です．しかも，鍵をつくるための乱数は 1 回限りの使用で後は捨ててしまうために再現性は皆無なのです．つまり，絶対安全といえるのですが，欠点として平文と同じ長さの鍵を送

信する必要があり，不経済で効率が悪いということになります．例えば，1万文字からなる文書を送信するためには鍵も同じ1万文字の長さとなります．したがって，ビジネス文書などの一般的な用途には適していませんが，いくら不経済で非効率であっても，絶対の安全性を要求する場合には使われることがあります．例えば，ワシントン-モスクワ間の国家元首どうしのホットラインなどです．

2 計算量的に安全な暗号

原理的には解読可能であるが解読に要する計算量が膨大で，最高速のコンピュータを使って計算しても数十年や数百年，あるいは，それ以上といったオーダで時間がかかり，実際上は解読不可能という暗号が，**計算量的に安全**（computationally secure）**な暗号**です．これは前述の使い捨て乱数による暗号などと違って，ビジネスなどの商用に適した実用的な暗号といえます．しかし問題がないわけではなく，現在の技術水準で非現実的な膨大な時間がかかるので安全であるとしても，将来，超並列化や演算素子のブレークスルー（画期的な技術革新）があってコンピュータの計算能力が飛躍的に向上した場合には，安全でなくなってしまう可能性があるということです．現在のコンピュータで100年かかる計算が，将来のコンピュータで1時間でできてしまう可能性もあるわけです．そうなってくると簡単に解読できる可能性が生じてきます．しかし，当面は大丈夫であろうというのが基本的な考え方です．

6-4　暗号の分類

一般に鍵というものは，金庫などの物理的な鍵であっても同じことですが，2通りの役目があります．すなわち，一つは金庫を閉める，すなわち施錠するため，もう一つは金庫を開ける，すなわち解錠するためです．暗号における鍵も同じことがいえます．すなわち，暗号を金庫にたとえれば，金庫を閉める鍵と開ける鍵があります．

現代の暗号は，これらの鍵に関する考え方によって二つに大別することができます．すなわち，閉める鍵と開ける鍵が金庫の場合のように同じである**対称暗号**（symmetric cryptography）と，まったく異なる**公開鍵暗号**（public-key cryptography）です．これらについて説明します．

1 対称暗号

上述したように

$$\text{暗号化鍵 } k = \text{ 復号鍵 } k \tag{6-8}$$

となっている暗号です．**共通鍵暗号**（common-key cryptography）や**秘密鍵暗号**
（secret-key cryptography）という呼び方をする場合もあります．いうまでもな
く，鍵 k は絶対に秘密です．この方式の代表的な具体例として米国の **DES 暗号**
（Data Encryption Standard cryptography）があります．DES 暗号は，原理的に
は単文字換字暗号と転置暗号を組み合わせて，しかも 16 回も繰り返して暗号化
を施しており，その結果，非常に強固な暗号システムとなっています．DES 暗号
の安全性としては以下のようなことがいえます．鍵は 56 ビットの長さのビット
列（実際は 64 ビットですが，そのうちの 8 ビットは，誤り検出のための検査ビッ
トとして用いています）でできています．すなわち，鍵の種類としては

$$2 \times 2 \times \cdots \times 2 = 2^{56} \fallingdotseq 7.2 \times 10^{16} \text{ 〔種類〕} \tag{6-9}$$

あります．これは実に膨大な数で，仮に一つの鍵を調べるのにコンピュータで
1μ 秒（$= 10^{-6}$ 秒）かかるとしても，すべての鍵を調べるには 7.2×10^{10}〔秒〕，つ
まり約 2 283 年もかかってしまいます．運がよくて早めに正解が出てくるとして
も，数百年はかかるでしょう．したがって，総当たり攻撃による解読は事実上は
不可能といってよいでしょう．

この暗号の大きな問題点として鍵の管理の問題があります．いうまでもなく，
この暗号の各加入者（ユーザ）は，通信をする相手によって鍵をそれぞれ違うも
のにしておく必要があります．例えば，山田さんが鈴木さんに送信するときの鍵
と，同じ山田さんが加藤さんに送信するときの鍵はまったく異なるわけです．逆
方向へ送信するときも同じ鍵を使います．ですから，各加入者は自分以外の全加
入者のための鍵をもっていなければなりません．加入者数がどんどん増えていく
と大変煩わしいことになる可能性があります．

いま，この暗号の加入者が n 人いるとします．すると，この暗号全体で必要と
される鍵の種類の数は，n 人の中から 2 人を選ぶ組合せですから，${}_n\mathrm{C}_2$ 個の鍵が
必要となります．

$n = 1\,000$ のとき

$$_{1\,000}\mathrm{C}_2 = \frac{1\,000 \cdot 999}{2 \cdot 1} = 499\,500 \text{ 個} \tag{6-10}$$

となります.

　これでも大きな数ですが, n がもっと大きくなると膨大な数になります. しか
も, 鍵というのは, 一度つくったらそれで終わりというわけではなく, 安全のた
めにときどき変更しなければならないので, その管理作業は大変手間がかかるこ
とになりますが, 現実的にはすべての加入者が他のすべての加入者と通信をする
わけではなく, 各人が通信する相手はだいたい限られていますので, 鍵の管理の
煩わしさは致命的な欠陥というほどのことではありません.

　しかし, 1994 年に**線形解読法**（linear cryptanalysis）と呼ばれる方法によって
DES 暗号が解読されました. DES 暗号に代わって 2000 年に提案されたのが
AES 暗号（Advanced Encryption Standard cryptography）です. 鍵は 128, 192,
256 ビットの 3 種類があり, それぞれ **AES-128**, **AES-192**, **AES-256** と呼ばれ,
暗号化を 10 回, 12 回, 14 回繰り返します. AES は線形解読法でも解読されてお
らず, 現在も使われています（AES の詳細は文献 [42], [43] を参照してくださ
い）.

　シャノンの暗号理論によれば, 一般に鍵は長いほど安全であり, その逆に暗号
文は長いほど, 解読される可能性が高いといわれています.

2 公開鍵暗号

　この暗号は, 金庫でたとえれば, 閉める鍵と開ける鍵が異なるという方式です.
そして, 閉める鍵は公開にして皆に配っておくという方式です.「私にメッセー
ジを送信する場合はこの鍵で閉めてから送ってください」といって皆にその鍵を
配っておくことに相当します. 無論, 開けるときの鍵は自分だけがもっていて,
その鍵は絶対に秘密です. すなわち

$$\text{暗号化鍵 } k_E \neq \text{ 復号鍵 } k_D \tag{6-11}$$

であり, 暗号化鍵 k_E は公開し, 復号鍵 k_D だけを秘密とします. この暗号はまた,
非対称鍵暗号（asymmetric cryptography）とも呼ばれます. この暗号のブロッ
ク図を**図 6-2** に示します. 復号の式表現は

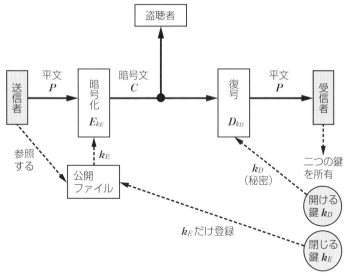

図 6-2　公開鍵暗号のブロック図

$$D_{k_D}(C) = D_{k_D}\{E_{k_E}(P)\} = P \tag{6-12}$$

となります.

　この暗号の通信手段を以下に示します.

① 送信者 A は送りたい相手 B（受信者）の暗号化鍵 k_E を公開ファイルで調べる.

② その暗号化鍵 k_E で，送りたい平文 P を暗号化して暗号文 C を送信する.

③ 受信者 B は受信した暗号文 C を自分のもっている秘密の復号鍵 k_D で復号して平文 P を得る.

　最も重要な点は，復号鍵 k_D は，公開されている暗号化鍵 k_E から簡単に求められるようではいけないということです．暗号化鍵 k_E からの類推で復号鍵 k_D がわかってしまうようでは役に立ちません．類推できない鍵とすべきです.

　ところでこの暗号の場合，鍵の管理は非常に簡単になります．すなわち，各加入者は自分の秘密の復号鍵一つだけをもっていればよいのです．誰からきた通信であっても，その鍵1本で開けることができるからです．加入者がいくら増えようとも同じことです.

　このように書くと，公開鍵暗号はいいことずくめのようですが，実は問題点もあります．それは，「**なりすまし**（impersonation, spoofing）」という悪事が成り立

ち得るということです．それは，A 氏からの情報がほしい C 氏が B 氏になりす
まして，自分は B 氏であると偽って，公開ファイルに暗号化鍵を登録します．す
ると，A 氏からの B 氏あての通信を，実際には A 氏から C 氏あての通信に変造
してしまうことができます．つまり，C 氏は通信の横取りができるということに
なります．これを防止するには，本当に本人である場合以外は公開ファイルへの
登録を簡単にはできないようにするという厳密な管理が必要となります．

　もう一つの問題点は，複雑な計算が必要となるので，コンピュータの処理時間
が長くなるということです．対称暗号に比べると 100 倍以上の処理時間がかかる
という説もあります．それで，対称暗号の鍵の受渡しだけに公開鍵暗号を使用し，
メッセージの送信には対称暗号を使うという方法も考案されています．

　公開鍵暗号の具体例として有名なのが **RSA 法**（Rivest-Shamir-Adleman
method）です．この名前は，開発にかかわった MIT の 3 人の研究者リベスト（R.
L. Rivest），シャミア（A. Shamir），エーデルマン（L. Adleman）の名前の頭文
字です．この暗号における暗号化鍵と復号鍵の生成手順は次のとおりです．加入
者は十分大きな二つの異なる素数 p, q を任意に選びます．そして

$$n = pq \tag{6-13}$$
$$k = \text{LCM}(p - 1, \ q - 1) \tag{6-14}$$

とし，k と互いに素である任意の整数 d を選びます．ここで，LCM とは最小公倍
数を意味します．そして

$$ed \equiv 1 \pmod{k} \tag{6-15}$$

である整数 e を求めます．このようにして二つの鍵

$$\begin{cases} \text{暗号化鍵 } (e, \ n) \longrightarrow \text{公開} & \text{(6-16)} \\ \text{復号鍵} \quad d \quad \longrightarrow \text{秘密} & \text{(6-17)} \end{cases}$$

が得られます．これらの鍵を用いて実際に暗号化する手順を以下に示します．

① 平文 P を適当な長さのブロックに区切り，各ブロックを $n - 1$ 以下の非負
　の整数で表します．一つのブロックを P_i（$i = 1, 2, \cdots$）とします．

② 各ブロック P_i の数値を mod n の演算（n を法とする演算，すなわち n で
　割った余りを結果とする演算）で e 乗します．これが暗号文 C_i となります．
　つまり，暗号化関数 E_{k_E} は

$$C_i = E_{k_E}(P_i) \equiv P_i^e \pmod{n} \quad (\text{ただし，} 0 \leqq E_{k_E}(P_i) < n) \tag{6-18}$$

　となります．

次に，受信した暗号文を復号するには，C_i を $\mathrm{mod}\, n$ の演算で d 乗すればよいのです．すなわち復号関数は

$$P_i = D_{k_D}(C_i) \equiv C_i^{\,d} \pmod{n} \quad (\text{ただし，}\ 0 \leq D_{k_D}(C_i) < n) \tag{6-19}$$

となります（証明は略しますが，詳しくは文献［19］参照）．

Example

いま，二つの異なる素数 $p,\ q$ を

$$p = 7,\quad q = 11 \quad \therefore\quad n = pq = 77 \tag{6-20}$$

としましょう．

$$k = \mathrm{LCM}\,[p-1,\ q-1] = \mathrm{LCM}\,[6,\ 10] = 30 \tag{6-21}$$

ですから，k と素である整数として $d = 23$ を選びます．式(6-15)より

$$e = 17 \tag{6-22}$$

となります．これは

$$ed = 391 \equiv 1 \pmod{30} \quad (\because\ \ 391 \div 30 = 13 \cdots 1) \tag{6-23}$$

ですから，式(6-15)を満たします．したがって

$$\begin{cases} \text{暗号化鍵}\ (e,\ n) \longrightarrow (17,\ 77) \\ \text{復号鍵}\quad d \qquad\ \longrightarrow 23 \end{cases} \tag{6-24}$$

となります．いま，平文 P を文字コードで 2 進数化表現したものが

$$P = 0101\quad 0000\quad 1101\quad 0100\quad 11\ \cdots$$

とします（単に見やすくする理由で 4 桁区切りで書いてあります）．まず，P を $n-1$ 以下の非負整数で表します．$n-1 = 76$ ですから，P を 6 ビットごとに区切ることにします．なぜならば，6 ビットで表せる最大値は 64 ですから 76 以下となります．無論, 5 ビットや 4 ビットでもいいのですが，できるだけ区切るビット数は長いほうが効率がよくなります．P を 6 ビットで区切ると

$$P = \underbrace{(010100)}_{20}\quad \underbrace{(001101)}_{13}\quad \underbrace{(010011)}_{19}\ \cdots$$

となります．これを暗号化するには，暗号化鍵は $(17,\ 77)$ ゆえ，$\mathrm{mod}\,77$ で 17 乗します．すると

$$20^{17}\ (\mathrm{mod}\,77)\quad 13^{17}\ (\mathrm{mod}\,77)\quad 19^{17}\ (\mathrm{mod}\,77)$$

これはコンピュータを使うと簡単に計算できて

$$48 \qquad\qquad 62 \qquad\qquad 24$$

となります．電卓でも計算できます（135 ページ，「談話室」参照）．これを 2 進数表現したものが暗号文 C となります．

これを復号するには，復号鍵は 23 ゆえ，$\mathrm{mod}\,77$ で 23 乗します．すると

$$48^{23}\ (\mathrm{mod}\,77)\quad 62^{23}\ (\mathrm{mod}\,77)\quad 24^{23}\ (\mathrm{mod}\,77)$$

これもコンピュータを使うと簡単に計算できて

$$20 \qquad\qquad 13 \qquad\qquad 19$$

となります．これを 2 進数表現したものが元の平文 P となります．確かに元に戻っていることがわかります．

この鍵の安全性については，十分大きな n が与えられたとき，それを素因数分解して p, q を求めるのは現実的に困難ということが根拠になっています．例えば，1 回の演算が 1μ 秒でできるコンピュータ（約 1 MFLOPS）を使ったとしても

n が 10 進数 100 桁 ——→ 74 年

n が 10 進数 200 桁 ——→ 3.8×10^9 年

かかります．これは事実上，計算不可能ということになります．でも，これはかなり前の話です．1 回の演算（話を簡単にするために浮動小数点演算とする）が 1μ 秒でできるという能力を現在のスーパーコンピュータの演算速度の表現単位である FLOPS（フロップス，FLoating Operations Per Second）で表すと，約 1 MFLOPS（メガフロップス）となります．現在のスーパーコンピュータの速度は数百 PFLOPS（ペタフロップス）ですから，仮に 100 PFLOPS とすると，計算所要時間は 1 MFLOPS の $1/10^{11}$ となり，74 年は 0.02 秒となって，これは危ないことになります．3.8×10^9 年は 13 日になり，こちらも危険です．したがって，現在では n が 10 進数 100 桁ではダメで，少なくとも n が 10 進数 200 桁以上を使わないといけない時代にきているといえます．現状では n が 1 024 ビット，10 進数で 309 桁ほどあればかなり安全といわれています[19]．

RSA 暗号のキーポイントは，二つの大きな素数 p, q を知ってその積 n を求めるのは簡単にできますが，逆に大きな整数 n を知って，それを素因数分解して p, q を求めるのは原理的にはできるはずでも，現実的には膨大な計算時間がかかるので，不可能であるという事実にあります．道路の一方通行と同じことで，A 地から B 地に行くことはできても，逆に B 地から A 地に戻ることはできないということです．

　数学的に書けば，関数 $y = F(x)$ において，x を与えて y を求めることは容易にできても，逆に $F(x)$ から x を求めること，つまり $x = F^{-1}(y)$ において，y を与えて x を求めることはほぼ不可能ということです．これを **一方向関数**（one-way function）といいます．もっと厳密にいえば，逆関数の計算が数学的にはっきり不可能な場合を一方向関数といい，そこまではいえないが，現実的に不可能である場合は **擬一方向関数**（pseudo one-way function）と呼びます．擬一方向関数をもひっくるめて広い意味で一方向関数という場合もあります．

　公開鍵暗号には，ほかに **離散対数問題**（discrete logarithm problem）の困難さを用いた **楕円曲線暗号**（elliptic curve cryptography）があります[44]．ガロア体 $GF(q)$ の原始多項式の根を **原始元**（primitive element）といい，原子元を α とすると，$GF(q)$ の 0 以外の任意の元は $\alpha^m (m = 1, 2, \cdots, q - 1)$ という形で表すことができます．$\beta \in GF(q)$，$\beta \neq 0$ に対して $\alpha^x = \beta$ となる x を求める問題を離散対数問題と呼び，q が大きな値の場合に効率的に解く方法は知られていません．楕円曲線と呼ばれる曲線上での離散対数問題にもとづく暗号が楕円曲線暗号です．

　現在のコンピュータでは，1 ビットがとる値は 0 または 1 に限られます．それに対して電子のようなミクロな世界の法則である **量子力学**（quantum mechanics）では，0 と 1 を重ね合わせた状態をとることができ，このような状態がもつ情報を **量子ビット**（quantum bit, qubit）と呼びます．量子ビットを用いた **量子コンピュータ**（quantum computer）[45] の開発が進められており，これが実用化されると，RSA 暗号や楕円曲線暗号は安全ではなくなるといわれています．そのような場合でも，安全な暗号として **格子暗号**（lattice-based cryptography）があります[46]．これは，高次元の格子での最短ベクトル問題（shortest vector problem, SVP）を解く効率的な解法が見つかっていないことにもとづいています．

　上述の暗号はいずれも計算量的に安全な暗号でしたが，量子力学の原理を応用した **量子暗号**（quantum cryptography）[47] は無条件に安全な暗号です．光の偏光などの量子状態を用いることで送信者と受信者の間で鍵を共有することができ，これを **量子鍵配送**（quantum key distribution）と呼びます．量子鍵配送では盗聴を検知できるので，盗聴された場合は，その鍵を破棄することで安全な鍵だけを共有することができます．

談話室

大きいべき乗 48^{23}（mod 77）の計算方法

　RSA 暗号法で出てきた 48^{23}（mod 77）といった大きなべき乗を電卓で計算するには，どうすればよいでしょうか．正攻法とすれば，まず 48^{23} を計算し，それを 77 で割って余りを求めるということでしょう．しかし実際にやってみると，とても 23 乗までは計算できません．筆者の手元にある 12 桁表示の電卓でやってみますと，7 乗までは何とかできて，

$$48^7 = 587\,068\,342\,272$$

となりましたが，8 乗になるとオーバーフローしてエラーになってしまいました．もっと頭を使わなくてはなりません．mod 77，つまり 77 を法とする演算ですから，何も 48^{23} そのものを求める必要はないのです．電卓で計算する場合は，次のようにやっていけば簡単にできます．求める値を X としておきます．なお，以下の "$=$" はすべて mod 77 の意味での "$=$" とします．

$$X = 48^{23} = 48^{22} \times 48 = (48^2)^{11} \times 48 = 2\,304^{11} \times 48$$

ところで

$$2\,304 \div 77 = 29.92$$

ですから

$$2\,304 - 77 \times 29 = 71$$

から

$$2\,304 = 71 \quad (\text{mod}\,77)$$

となります．48 を 2 乗してわざわざ 2 304 にするのは 77 より大きい数をつくり出すためです．以下同様です．ゆえに

$$X = 71^{11} \times 48 = 71^{10} \times 71 \times 48 = 5\,041^5 \times 71 \times 48$$

同様にして，5 041 $= 36$（mod 77）となります．ゆえに

$$X = 36^5 \times 71 \times 48$$
$$= (36^2)^2 \times 36 \times 71 \times 48$$
$$= 1\,296^2 \times 36 \times 71 \times 48$$

同様にして，1 296 $= 64$（mod 77）となります．ゆえに

$$X = 64^2 \times 36 \times 71 \times 48$$
$$= 4\,096 \times 36 \times 71 \times 48$$

同様にして，4 096 $= 15$（mod 77）となります．ゆえに

$$X = 15 \times 36 \times 71 \times 48 = 1\,840\,320$$
$$= 23\,900 \times 77 + 20 = 20$$

　このように，順々に大きい部分を余りに置き換えて小さくしていけば，どんな電卓でも簡単に計算することができます．この計算方法の根拠は，次のように書

くとわかると思います．いま，ある整数を
$$y = ax + b$$
とし，$y^n \pmod x$ を求めるとします（y, x, a, b, n はすべて非負整数とします）．
二項定理より
$$y^n = (ax + b)^n$$
$$= c_n x^n + c_{n-1} x^{n-1} + \cdots + c_1 x^1 + b^n$$
$$= g(x)x + b^n$$
と書けます．各 c_i は係数です．ただし，ここで $g(x)$ は x の $n - 1$ 次の多項式です．第1項は x で割り切れますから第2項だけ残って
$$y^n = b^n \pmod x$$
が成り立ちます．$b^n > x$ ならば同じ方法を適用して，$b^n < x$ となるまで繰り返します．ここでは電卓でやりましたが，Windows PC 付属の電卓アプリでは，直接，計算することができます．

6-5 ディジタル署名

1 ディジタル署名とは

一般に，通信における犯罪行為としては次の四つが考えられます．
① 盗聴：これは前述したように暗号化で防止が可能です．
② なりすまし：これも前述のように他人のふりをして文書を送信をすることです．
③ **改ざん**（substitution）：文書の内容を勝手に書き換えることです．
④ **否認**（repudiation）：自分が送った文書を後で否定することです．
　無論，これ以外に最近ではインターネットなどを利用した通信販売の詐欺や，反公序良俗関係，他人への誹謗中傷，名誉棄損などの犯罪もありますが，それは通信を使ってはいますが本質的には一般の犯罪ですので，ここでは通信における技術的行為そのものにかかわる犯罪として，上記の四つをあげました．
　ここで上記の②〜④を防止する手段として，**署名**という方法があります．署名というのは，その文書を書いた人間が確かに本人ですよという証明をするもので，一般の紙による文書ではサインや印鑑で行います．欧米ではサインが主流で，日本では印鑑が主流です．昔の武将などは，各自が独特の花押という込み入った

毛筆のサインを決めていました．しかし，通信の場合は，相手に送るのは紙ではなくて文字コードなどを表す電気信号ですから，一般的には，手書きのサインをすることや印鑑を押すことは困難です．無論，現在の通信回線では従来のように文字だけを送信するのではなく，画像や音声も自由に送れるようになってきましたから，画像データとしてサインや印鑑の画像を送信することは可能です．しかし，それすらも途中でもし盗聴されて，データとして盗聴者の手中に落ちれば，まったく署名としての意味をなさなくなってしまいます．あるいは途中で盗聴されることはなくても，正規の受信者がそのときは正しい善意の人物であっても，後で悪意が生じたときには，そのデータを使えばいくらでも，偽の文書をサインや印鑑付きでつくることができてしまいます．

　それよりも，もっと安全な方法として**ディジタル署名**（digital signature）という技術が開発されました．すなわち，その文書は確かに本人が送信したという論理的な証明になる技術です．しかも送信者はその文書を送信した事実を否認できない根拠となります．これも情報理論の中の暗号理論の成果を応用したものです．

2 ディジタル署名の原理

　ディジタル署名システムのブロック図を**図6-3**に示します．
　ディジタル署名の手順を説明します．
① 送信者 A は署名鍵 k_s と検証鍵 k_v のペアを生成します．署名鍵は A だけの秘密ですが，検証鍵は公開します．A は平文 P から署名鍵 k_s を用いて署名 σ をつくります．
② A は平文 P と署名 σ を受信者 B に送信します．
③ 受信者 B は平文 P と署名 σ から検証鍵 k_v を用いて検証 V_{kv} を行い，結果が 1 ならば，平文 P は A が送信した文であることが確認できます．
ディジタル署名方式が成り立つには，任意の平文 P に対して

$$V_{kv}\{P, S_{ks}(P)\} = 1$$

となることが必要です．
　RSA 暗号を署名に用いたものが RSA 署名です．はじめに RSA 暗号と同じく式(6-13)〜式(6-15)から n, d, e を求めます．署名鍵 k_s として (d, n)，検証鍵 k_v を (e, n) とし，平文のブロック $P_i(i = 1, 2, \cdots)$ から署名 S_i を

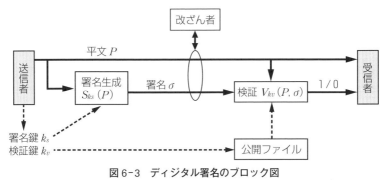

図 6-3　ディジタル署名のブロック図

$$S_i \equiv P_i{}^d \pmod{n}$$

と求めます．受信者での検証は

$$P_i \equiv S_i{}^e \pmod{n}$$

が成り立てば 1，成り立たなければ 0 となります．RSA 暗号における暗号化鍵，復号鍵が RSA 署名では検証鍵，署名鍵として使われます．このような対応関係はすべての公開鍵暗号で成り立つわけではないことに注意してください．

　公開鍵暗号やディジタル署名では公開鍵が重要な役割を果たします．そのため，公開鍵が正しいものであることを証明するために，公開鍵にディジタル署名を付けたものを **証明書**（certificate）と呼び，証明書を発行する機関を **認証局**（certification authority）と呼びます．公開鍵や証明書を運用するためのしくみを**公開鍵基盤**（public key infrastructure, PKI）と呼び，日本政府が運用する**政府認証基盤**（GPKI）のほか，米国政府による **Federal PKI** があります．

　暗号やディジタル署名といった技術は，情報の発信者と受信者の安全，利益を守るための技術です．これら安全を守るための技術は総合的に**情報セキュリティ**（information security）という言葉で表されます．この分野は現在非常に活発に研究が進んでおり，暗号やディジタル署名だけでなく，次節で述べるハッシュ関数などがあります．

談話室

フェルマーの定理

フェルマー（P. Fermat, 1601-1675）はフランスの数学者で，フェルマーの最終定理（大定理）で有名です．フェルマーの本業は議員や弁護士で，数学は余暇に趣味で研究していました．フェルマーの最終定理とは

> 「n が 3 以上の自然数のとき
> $$x^n + y^n = z^n$$
> は正の整数解をもたない」

という定理です．この定理は 1657 年に公表されましたが，フェルマーが証明を残さずに没し，長い間多くの人々が挑戦しましたが，完全な証明ができませんでした．しかし 1994 年，米国のプリンストン大学のアンドリュー・ワイルズ教授によって証明がなされたことは有名です．300 数十年ぶりです．フェルマーが自分で本当に証明できていたかどうかは不明です．証明できていなかったとすれば，単なる予測，推測をいっただけとなります．定理というものは，やはり証明したことによって完結するので，私は今後はこのフェルマーの最終定理は名前を改めて，「フェルマー–ワイルズの定理」と呼ぶべきであると思いますが，皆さんはどう思われるでしょうか．

さて，話を元に戻して，ここで述べるフェルマーの定理はそれではなくて，別名「フェルマーの小定理」と呼ばれる定理で，素数に関する重要な定理です．小定理とはいっても決して小さな内容ではなく，大変重要な定理です．公開鍵暗号の RSA 法の暗号化の妥当性の証明にもこの定理を使います．すなわち

> 「p が素数で，a が p の倍数でなければ
> $$a^{p-1} \equiv 1 \pmod{p}$$
> が成り立つ」

という定理です．例えば，いま $p = 7$（素数），$a = 10$ とすると

$$a^{p-1} = 10^6 = 1\,000\,000$$
$$1\,000\,000 \div 7 = 142\,857\cdots1$$

ですから，

$$a^{p-1} = 10^6 = 1 \pmod{p}$$

となります．逆は一般には成り立ちません．例えば

$$2^{340} = 1 \pmod{341}$$

ですが，$341 = 11 \times 31$ なので素数ではありません．しかし，341 未満のすべての奇数については逆が成り立ちます．つまり，それらの奇数はすべて素数です．現在では，この 341 のように逆命題を満たす素数でない数を**擬素数**と呼びます．擬素数は無限にあることが証明されています．擬素数 n のうち，それと異なる任

意の a について逆命題を満たす数を**絶対擬素数**と呼び，$561 = 3 \times 11 \times 17$ がその最小数です。

フェルマーは数学だけでなく，光学の研究でも有名で，フェルマーの屈折の法則などを発見しました。しかし，どういうわけか業績を一切世間に出版しなかったので，彼の業績のほとんどは他人にあてた手紙などで後世に残ったのでした。

6-6 ハッシュ関数

6-5節ではディジタル署名を行う際に平文を暗号化しましたが，平文全部を暗号化するには時間がかかります。そこで平文よりも短く，かつ平文の要約となるデータをつくることができれば便利です。そのようなときに用いられるのが**ハッシュ関数**（hash function）です。

■1 ハッシュ関数の特徴

ハッシュ関数とはその名のとおり関数の一種で，入力を**メッセージ**（message），出力を**ハッシュ値**（hash value）と呼びます。メッセージの長さは任意（実際には上限がある場合もあります）ですが，ハッシュ値の長さは固定されています。関数なので，同じメッセージを入力すると同じハッシュ値が返ってきますが，わずかに異なるメッセージ，例えばメッセージ中の 1 ビットだけが異なる二つのメッセージを入力すると，それぞれのハッシュ値は大きく異なります。ハッシュ値の長さを n ビットとすると，ハッシュ関数の値域（関数の返値がとり得る値の集合）は 2^n 個の元からなる一方で，定義域（関数の引数が取り得る値の集合）はそれよりも大きくなります。そのため，異なるメッセージが同じハッシュ値をとることがあり，**衝突**（collision）と呼びます。ハッシュ関数に求められる特徴として，次のものがあげられます。

（1）**原像計算困難性**（preimage resistance）

メッセージからハッシュ値は簡単に求められますが，逆にハッシュ値からメッセージ（原像）を求めることが困難であることをいいます。これは，パスワードなど機密性が求められるデータを扱う場合に必要になります。

（2）**第 2 原像計算困難性**（second preimage resistance）

あるメッセージとそのハッシュ値が与えられたとき，同じハッシュ値をもつ別

のメッセージ（第2原像）を見つけることが困難であることをいいます．この性質を満たしていないと，元のメッセージが改ざんされても，ハッシュ値が同じなので，改ざんを検知することができないおそれがあります．

（3）衝突困難性（collision resistance）

同じハッシュ値をもつ二つの異なるメッセージを見つけることが困難であることをいいます．第2原像計算困難性と異なり，ハッシュ値は指定されていないので，第2原像計算困難性よりも攻撃はやさしいといえます．衝突困難性を実現できれば，第2原像計算困難性よりも攻撃に対する安全性が高いといえます．

2 ハッシュ関数への攻撃

ハッシュ値の長さが n ビットの場合に k 通りのメッセージ m_1, m_2, $\cdots$, m_k が衝突を起こさない確率を求めます．メッセージ m_i $(1 \leqq i \leqq k)$ のハッシュ値を h_i とし，h_1, h_2, $\cdots$ の順で一つずつハッシュ値を求める場合を考えます．

h_1 は最初に求めるハッシュ値なので衝突を起こしません．次に h_2 が h_1 と衝突を起こさない確率 $P(h_2 \neq h_1)$ は加法定理の式(2-32)より

$$P(h_2 \neq h_1) = P\{(h_2 = h_1) \cup (h_2 \neq h_1)\} - P(h_2 = h_1) = 1 - P(h_2 = h_1)$$
$$(6\text{-}25)$$

となります．ここで，$P(h_2 = h_1)$ は h_2 が h_1 と衝突を起こす確率です．とり得るすべてのハッシュ値は 2^n 通りあるので，$N = 2^n$ とすると，$P(h_2 = h_1)$ は $1/N$ となります．したがって

$$P(h_2 \neq h_1) = 1 - (1/N) \tag{6-26}$$

となります．

次に，h_2 と h_1 が衝突を起こさないという条件の下で，h_3 が h_2 および h_1 と衝突を起こさない条件付き確率 $P\{(h_3 \neq h_2) \cap (h_3 \neq h_1) \mid h_2 \neq h_1\}$ は，再び加法定理の式(2-32)より

$$P\{(h_3 \neq h_2) \cap (h_3 \neq h_1) \mid h_2 \neq h_1\}$$
$$= 1 - P\{(h_3 = h_2) \cup (h_3 = h_1) \mid h_2 \neq h_1\} \tag{6-27}$$

となり，$h_2 \neq h_1$ の下では，事象「$h_3 = h_2$」と「$h_3 = h_1$」は排反なので，式(2-32)より式(6-27)は

$$1 - [P(h_3 = h_2 \mid h_2 \neq h_1) + P(h_3 = h_1 \mid h_2 \neq h_1)]$$
$$= 1 - [(1/N) + (1/N)] = 1 - (2/N) \tag{6-28}$$

となります. 同様にして, $h_{j-1} \sim h_1$ のどの二つも衝突を起こさないという条件の下で, h_j が $h_{j-1} \sim h_1$ のいずれとも衝突を起こさない条件付き確率は次式で与えられます.

$$1 - \{(j-1)/N\} \tag{6-29}$$

したがって, $h_k \sim h_1$ のどの二つも衝突を起こさない確率は次式で与えられます.

$$[1 - (1/N)][1 - (2/N)] \cdots [1 - \{(k-1)/N\}] \tag{6-30}$$

ここで, j が N に比べて十分小さいならば, $1 - (j/N) \fallingdotseq \exp(-j/N)$ となるので, 式(6-30)は次式で近似できます.

$$\exp(-1/N)\exp(-2/N) \cdots \exp\{-(k-1)/N\}$$

$$= \exp\left\{-\sum_{j=1}^{k-1} \frac{j}{N}\right\}$$

$$= \exp\left\{-\frac{k(k-1)}{2N}\right\}$$

$$\fallingdotseq \exp\left\{-\frac{k^2}{2N}\right\} \tag{6-31}$$

となり, これが, ハッシュ値の長さが n ビット ($N = 2^n$) の場合に k 通りのメッセージが衝突を起こさない確率になります[48].

この確率が $1/2$ になる確率となる k の値を求めます.

$$\exp\left\{-\frac{k^2}{2N}\right\} = \frac{1}{2} \tag{6-32}$$

となるので, 両辺の対数（底は e）をとると

$$-\frac{k^2}{2N} = \ln\frac{1}{2} \tag{6-33}$$

より

$$k = \sqrt{2\ln 2}\sqrt{N} \fallingdotseq 1.18\sqrt{N} \tag{6-34}$$

となります.

この式は, N 個の元からなる集合から $1.18\sqrt{N}$ 個を選ぶと, $1/2$ の確率で同じ元が2回以上選ばれるということを意味しています. 例えば, 1年は365日なので $N = 365$ として, 式(6-32)より $1.18\sqrt{365} \fallingdotseq 23$〔人〕集まれば, 約 $1/2$ の確率でその中に誕生日が同じ人たちがいることになります. これを**バースデイパラ**

ドックス（birthday paradox）と呼びます.

ハッシュ値の長さが n ビットの場合，ハッシュ関数の返値がとり得る値は最大で 2^n 通りなので，$2^n + 1$ 個の異なるメッセージのハッシュ値を求めれば，必ず衝突が発生しますが，実際には，式(6-32)より $1.18\sqrt{2^n}$ 個のハッシュ値を求めると，$1/2$ の確率で衝突が発生することがわかります.このようにしてハッシュ関数の衝突困難性を破る方法を**バースデイ攻撃**（birthday attack）と呼びます.

3 SHA

SHA（Secure Hash Algorithm）は米国で標準化された一連のハッシュ関数です.

1995 年に制定された **SHA-1** と呼ばれるハッシュ関数のハッシュ値は 160 ビットなので，バースデイ攻撃による衝突を起こすにはおよそ 2^{80} 個のハッシュ値を求める必要がありますが，実際にはもっと少ない回数で衝突を起こせることがわかったため，現在では利用されていません.

その後，SHA-1 を改良した **SHA-2** と，それらとはまったく異なる方法の **SHA-3** が制定されました.両方ともハッシュ値の長さは 224, 256, 384, 512 ビットの 4 種類があり，いまのところ有効な攻撃法は見つかっていません.

ハッシュ値が 256 ビットの SHA-2 は **SHA-256** と呼ばれ，**ビットコイン**（Bitcoin）[49] などの**暗号通貨**（crypto currency）で用いられています.SHA-256 の詳細は文献［43］を参照してください.

問 題

Q6.1 シーザー暗号の暗号表をつくりなさい.

Q6.2 次の平文をシーザー暗号で暗号化した場合の暗号文を書きなさい.

TOKYOOSAKANAGOYAKYOTOFUKUOKA

Q6.3 式(6-4)の置換 σ を用いて,次の平文を単文字換字暗号で暗号化した場合の暗号文を書きなさい.

THISISMYPENANDTHATISYOURPENCIL

Q6.4 式(6-6)の置換 τ を用いて,次の平文をブロック暗号で暗号化した場合の暗号文を書きなさい.

ITISFINETODAYLETUSPLAYBASEBALL

Q6.5 本書の巻末にある「付録2 素数表(10000まで)」も適宜,参照して,次の数を素因数分解しなさい(電卓使用可,ただし素因数分解ができるものは使用しないこと).

（ア）85

（イ）247

（ウ）154729

演習問題 80 選

　本書では，各章の終わりに章末問題を付けてあり，各章での理解度を自分でチェックできるようにしてあります．ここではそれに加えて，本書をひと通りマスターされた読者のために，さらに演習問題を設けました．章末問題よりは少し程度の高い問題も入っています．

　このような問題集を添付する際に一番問題となるのは，解答をどうするかということです．丁寧な解答を付けることにやぶさかではありませんが，教育現場で教員が学生に問題演習させる場合，ないほうが都合がよい場合もあります．反面，本書を使って独学で情報理論を勉強される方にとっては，解答がないと自分の出した答が果たして正しいのかどうか，不安に思われるでしょう．本書では，折衷案として，詳しい解き方は書かずに最後の答だけを示すことにしました．

　解答は筆者が慎重に何回も計算して確認をしておりますが，まったく誤りがないとはいい切れません．ご不審の点があればご指摘ください．なお，これらの演習問題は，巻末に掲げた多くの参考文献を参照させていただき，作成のヒントにさせてもらいました．ここに厚く感謝申し上げます．

【1】4桁の10進数を2進数で表すとき，自然2進数で表した場合と，BCD（8-4-2-1 符号）で表したときの必要なビット数を求め，さらに後者に対する前者の百分率を求めなさい．最小値 1000 の場合と，最大値 9999 の場合について答えなさい．

【2】上記の設問を一般化して，n 桁の10進数を自然2進数で表した場合と，BCD（8-4-2-1 符号）で表したときの必要なビット数を求め，さらに後者に対する前者の百分率を求めなさい．

【3】25人のグループの中に，同じ誕生日の人が存在する確率を求めなさい．ただし，うるう年の2月29日生まれの人はいないものとします[25]．

【4】数字が 1, 2, 3, 4, 5 の5枚のトランプをよく切って左から1番，2番，3番…と順に並べるとき，その数字と順位が5枚とも一致しない確率を求めなさい[25]．

【5】丁半博打（ちょうはんばくち）と呼ばれるサイコロ博打は2個のサイコロを同時に

振ってその目の合計が奇数（半）か偶数（丁）かを当てるゲームです．いま，使う二つのサイコロが正常ではなくて癖があり，一つは1～3の目の出る確率が55％，4～6の目の出る確率が45％で，もう一つは奇数の目の出る確率が47％，偶数の目の出る確率が53％であるとします．このとき，奇数に賭けた人が勝つ確率を求めなさい．

【6】正20面体サイコロは0～9の数字が2回ずつ書かれたサイコロです．このサイコロ1個と，ふつうの立方体のサイコロ1個を同時に振ったときの出る目の和の期待値を求めなさい．

【7】あるクラスで試験をした結果，平均点 μ は73点，分散 σ^2 は64となりました．山田君は65点，鈴木君は92点，加藤君は75点でした．各人の偏差値を求めなさい．

【8】同じ強さをもつA氏，B氏2名が10000円ずつ出してあるゲームを始めました．先に3勝したほうが賭け金20000円をもらえるルールになっています．いま，A氏が2勝1敗（したがってB氏は1勝2敗）になったところで事情によりゲームを中止することになりました．確率論にもとづいてA氏とB氏への賭け金の分配はいくらずつにしたらよいか求めなさい（メレの問題[25]）．

【9】ある免許をとるには口頭試問，学科試験，実技試験のすべてに合格しなければなりません．この免許の受験者のうち，口頭試問に合検した人は全体の65％とします．次の二つの場合の問に答えなさい．
（a）学科試験に合格した人は口頭試問に合格した人の45％，実技試験に合格した人は学科試験に合格した人の35％であるとします．この免許試験の合格率を求めなさい．
（b）学科試験に合格した人は全受験者の45％，実技試験に合格した人は全受験者の35％であるとします．口頭試問と学科試験に合格した人を全受験者の25％，学科試験と実技試験に合格した人を全受験者の22％，口頭試問と実技試験に合格した人を全受験者の26％，口頭試問と学科試験と実技試験のどれにも合格しなかった人を全受験者の13％とします．この免許試験の合格率を求めなさい．

【10】大数の法則に関する式(2-31)で，確率が0.97以上になるのは n が何回のときですか．

【11】ポケットにお金がないという事象を B，その原因として

A_1：電車内でスリにあった

A_2：ポケットが破れていた

A_3：家を出るとき忘れた

なる三つが考えられるとします．各原因の事前確率を

$$P(A_1) = 25\%, \quad P(A_2) = 5\%, \quad P(A_3) = 70\%$$

条件付き確率を

$$P(B \mid A_1) = 35\%, \quad P(B \mid A_2) = 15\%, \quad P(B \mid A_3) = 50\%,$$

とするとき，ベイズの定理によって事後確率を求めなさい．

【12】自動車がエンストしたという事象を B，その原因として

A_1：ガソリンがなくなった

A_2：発電機が故障した

A_3：オーバーヒートした

A_4：キャブレタが壊れた

なる四つが考えられるとします．各原因の事前確率を

$$P(A_1) = 62\%, \quad P(A_2) = 17\%,$$
$$P(A_3) = 18\%, \quad P(A_4) = 3\%$$

条件付き確率を

$$P(B \mid A_1) = 84\%, \quad P(B \mid A_2) = 5\%,$$
$$P(B \mid A_3) = 10\%, \quad P(B \mid A_4) = 1\%$$

とするとき，ベイズの定理によって事後確率を求めなさい．

【13】鳥羽 須 氏は交通違反の常習者で，違反の内訳は

A_1：スピード違反　50%

A_2：駐車違反　20%

A_3：一旦停止違反　15%

A_4：信号無視　10%

A_5：一方通行違反　5%

です．鳥羽 須 氏が交通違反で検挙されたという事象を B，その理由として上記の五つを考えます．鳥羽 須 氏は違反をしても捕まらない場合も多いので条件付き確率は

$$P(B \mid A_1) = 43\%, \quad P(B \mid A_2) = 31\%, \quad P(B \mid A_3) = 7\%,$$
$$P(B \mid A_4) = 13\%, \quad P(B \mid A_5) = 6\%$$

となります．鳥羽 須 氏が交通違反で検挙されたという情報だけを聞いたとき，理由

がスピード違反，駐車違反，一旦停止違反，信号無視，一方通行違反と考えられる各々
の確率，すなわち事後確率をベイズの定理によって求めなさい.

【14】1 人の人間が近視である確率を 0.3，老眼である確率を 0.2，正常である確率を 0.5
とします．近視の人が眼鏡を掛けている確率は 0.7，老眼の人が眼鏡を掛けている確
率は 0.5，正常な人が眼鏡を掛けている確率は 0.1 であるとします．眼鏡を掛けてい
る人が近視，老眼，正常である各確率を求めなさい.

【15】落田氏は議員選挙に立候補しました．浮動票が頼りなので，落田氏の当選する可
能性は投票率に影響されます．投票率が 60% 以上の場合，落田氏の当選する確率は
80%，投票率が 60% 未満の場合，当選する確率は 20% とします．投票率は当日の天候
に左右されます．投票率が 60% 以上になるためには晴れまたは曇りでないといけな
いとします．当日の天候の確率は晴れ 60%，曇り 30%，雨 10% とします．落田氏が
当選したという情報だけを聞いたときに，当日が雨であった確率を求めなさい.

【16】台風が来るのは 1 年に 15 日，満潮は 1 日に 2 時間とします．台風が来て，かつ満
潮という危険度の情報量は何ビットですか[28].

【17】自分の使えるプログラミング言語（C，FORTRAN，BASIC，Pascal など）を用い
てエントロピー関数を求めて，結果を数表として出力するプログラムをつくりなさい.
確率 p は 0 から 1 まで 0.1 刻みで増加させるものとします．できれば 0.01 刻みや
0.001 刻みでも実行してください．また，任意の p の値を入力するとそのエントロ
ピー関数 $\mathcal{H}(p)$ の値を出力するプログラムもつくりなさい.

【18】二つのサイコロを振った場合，その目の和は 7 であったとします．しかし，後日，
そのときのサイコロの目がいくつといくつであったかは忘れてしまいました．この場
合，失われた情報量は何ビットですか[11].

【19】トランプのババ抜きゲーム（最後までジョーカーをもっていた人が負けとなるゲー
ム）を 4 人で行う場合を考えます．最初に自分に配られたカードが 13 枚で，かつ
ジョーカーが入っていない場合，自分が最初に引くカードがジョーカーであることに
関するエントロピーを求めなさい.

【20】カタカナのクロスワードパズルで，縦横のマス目が $n \times n$ とします．このうち，

白マスが半分あり，その中で真上だけが黒マスまたは周辺であるものが a 個，左だけが黒マスまたは周辺であるものが b 個，真上も左も黒マスまたは周辺であるものが c 個あるとします．カタカナの「ア」～「ン」だけを使うものとして $n = 10$, $a = 10$, $b = 8$, $c = 5$ のとき，このクロスワードパズルの正解の確率を求めなさい．

【21】プロ野球の日本シリーズでは，A チームのホームグラウンドで 2 回，B チームのホームグラウンドで 3 回，再度 A チームのホームグラウンドで 2 回，合計 7 回戦を設定し，先に 4 勝をあげたほうが優勝となります．ただし，実力は A チームのほうが少し強く，1 回の試合で A チームの勝つ確率は 55% とされています．しかし，A チームはホームグラウンドがドーム球場なので，あまり雨に慣れておらず，B チームはホームグラウンドが屋根がないので雨に慣れています．それで雨が降った場合は B チームのほうが強く，勝つ確率は 58% とされています．いま，試合日の天気予報で雨の降る確率が，

        3 回戦　　20%
        4 回戦　　50%
        5 回戦　　70%

であり，適中率は 100% とします．雨でも試合は中止しないとします．この場合に，A チームの優勝する確率を求めなさい．

【22】正常なサイコロを 3 個同時に振ったときの出る目の和 X について，平均，分散，標準偏差，エントロピーを求めなさい．

【23】3 個の正常なサイコロを同時に振って，ぞろ目（すべて同じ目）になる事象のエントロピーを求めなさい．

【24】20 科目を受講した 3 人の学生，甲君，乙君，丙君の成績は

        甲君：「優」0，「良」6，「可」14
        乙君：「優」7，「良」8，「可」5
        丙君：「優」17，「良」3，「可」0

でした．各人のエントロピーを求めなさい．

【25】白と黒と赤の三つの正常なサイコロを同時に振るとします．確率変数 X の値を次のように定義します．黒サイコロの目が偶数のときは X の値は白サイコロと赤サイコロの目の和とします．黒サイコロの目が奇数のときは X の値は白サイコロだけの

目とします．この場合の X のエントロピーを求めなさい．

【26】 ある博覧会のある日の入場者概数が，世代別では子供 1500 人，若者 3100 人，中年 2500 人，老人 1300 人でした．男女別では男性が 5700 人，女性が 2700 人でした．結合エントロピーを求めなさい．入場者の世代と性別は独立とします．

【27】 くじ付き郵便葉書の「かもめーる」の 1 等は下 5 桁が 1 種類，2 等は下 4 桁が 3 種類，3 等は下 2 桁が 6 種類となっています．葉書に付いている番号は 6 桁で，000000～999999 となっています．また，各組共通なので組番号は関係しません．この場合のエントロピーを小数第 3 位まで求めなさい．

【28】 現在の天気予報の適中率 p はおよそ 81% といわれています[37]．また，40 年前の天気予報の適中率はこれより 10% 低かったそうです．天気を晴れ，曇り，雨の 3 種類とし，その生起確率をそれぞれ順に 1/2，1/4，1/4 とします．実際の天気を晴れ，曇り，雨の順に，通信路における送信記号 a_1，a_2，a_3，天気予報を受信記号 b_1，b_2，b_3 として，a_1 から b_j（$i \neq j$）への誤り率 ε を各々 $(1 - p)/2$ と考えた場合，事後エントロピー $H(A \mid B)$ を式で求めなさい．さらに 40 年前の天気予報の事後エントロピー $H_1(A \mid B)$，および現在の天気予報の事後エントロピー $H_2(A \mid B)$ の各数値を小数第 3 位まで求めなさい．

【29】 図のマルコフ情報源に関して，定常確率とエントロピーを求めなさい[9]．

【30】 記号 0，1 の系列を発生する二重マルコフ情報源の状態遷移確率が次のように与えられているとき，各状態の定常確率 $P(00)$，$P(01)$，$P(10)$，$P(11)$ を求めなさい[10]．

$$p(0 \mid 00) = \frac{1}{2}, \quad p(1 \mid 00) = \frac{1}{2}$$

$$p(0 \mid 01) = \frac{1}{3}, \quad p(1 \mid 01) = \frac{2}{3}$$

$$p(0 \mid 10) = \frac{2}{3}, \quad p(1 \mid 10) = \frac{1}{3}$$

$$p(0 \mid 11) = \frac{1}{4}, \quad p(1 \mid 11) = \frac{3}{4}$$

【31】中の見えない二つの壺 A, B があります．A の中には 4 個, B の中には 8 個の玉が入っています．二つの壺の合計で, 黒玉●は 8 個, 白玉○は 4 個ということがわかっています．この二つの壺から 1 個ずつ玉を取り出して, 交換して相手の壺へ戻すという動作の系列を考えます．二つの壺の状態としては次のように五つの状態が考えられます．

状態 1： A ⎮●●●●⎮ ， B ⎮●●●●○○○○⎮
状態 2： A ⎮●●●○⎮ ， B ⎮●●●●●○○○⎮
状態 3： A ⎮●●○○⎮ ， B ⎮●●●●●●○○⎮
状態 4： A ⎮●○○○⎮ ， B ⎮●●●●●●●○⎮
状態 5： A ⎮○○○○⎮ ， B ⎮●●●●●●●●⎮

これは単純（一重）マルコフ過程となりますが, この場合の遷移確率行列 $\boldsymbol{P}$ と, 状態遷移図を書きなさい．なお, 状態 i から状態 j への遷移確率を p_{ij} で表し, p_{11} から始まる行列で表記しなさい[1]．

【32】二つの正常なサイコロを同時に振る場合を考えます．二つのサイコロの目の和を表す確率変数を X, 二つのサイコロの目の組合せが ⎮奇数, 奇数⎮, ⎮奇数, 偶数⎮, ⎮偶数, 偶数⎮ のいずれかを表す確率変数を Y とします．X のエントロピー $H(X)$ と, Y を知ったときの X の条件付きエントロピー $H(X \mid Y)$ を求め, さらに相互情報量 $I(X ; Y)$ を求めなさい．

【33】天気を晴れ, 雨の 2 種類とします．実際の天気 A を, 通信路における送信記号 a_1（晴れ）, a_2（雨）と考え, 天気予報 B を受信記号 b_1（晴れ）, b_2（雨）とします．いま
$$p(a_1) = 0.57, \quad p(a_2) = 0.43,$$
$$p(a_1 \mid b_1) = 0.75, \quad p(a_2 \mid b_1) = 0.30,$$
$$p(a_1 \mid b_2) = 0.25, \quad p(a_2 \mid b_2) = 0.70$$
であるとき, 相互情報量 $I(A ; B)$ を小数第 3 位まで求めなさい[9]．

【34】通信路行列 $\boldsymbol{P}$ が次のように表される 3 元通信路の伝送情報量 $I(A ; B)$ を求めなさい．ただし, 送信記号 a_1, a_2, a_3 の生起確率は等確率とします[1]．

$$P = \begin{bmatrix} 1 & 0 & 0 \\ 0 & p & q \\ 0 & q & p \end{bmatrix}$$

（ただし，$p + q = 1$）

【35】 オオカミ少年が，実際にオオカミが来ないのに「来た」と嘘をつく確率を 0.95，オオカミが来たのに「来ない」と嘘をつく確率を 0 とします．オオカミが本当にやってくる確率を 0.05 とした場合，このオオカミ少年はオオカミの出現に関してどのくらいの情報量を伝送するかを求めなさい[6]．また，このオオカミ少年とは違って，まったく嘘をつかない少年の場合の伝送情報量も求めなさい．

【36】 入力アルファベット，出力アルファベットともに $\{0, 1, 2\}$ となる記憶のない 3 元通信路を考えます．この通信路行列が

$$P = \begin{bmatrix} 0.7 & 0.2 & 0.1 \\ 0.2 & 0.6 & 0.2 \\ 0.1 & 0.2 & 0.7 \end{bmatrix}$$

であるとします．次の各問に答えなさい[9]．

（ア） 長さが n の全部が 0 の系列 $000\cdots0$ を送信するとき，通信路の受信系列に 0 以外の元が k 個含まれている確率を求めなさい．

（イ） 上記の場合，受信系列に 1 が α 個，2 が β 個含まれている確率を求めなさい．

（ウ） 000111222 という系列を送信したとき，これに対応する長さ 9 の受信系列に 0 がちょうど 3 個含まれている確率を求めなさい．

【37】 図 4-13 の 2 元消失通信路（BEC）の伝送情報量は式（4-35）の

$$I(A\,;B) = (1 - u)\mathcal{H}(p) \quad [\text{bit/記号}]$$

となることを証明しなさい．ただし，p は送信記号 a_1 の生起確率，u は判定不能確率です．

【38】 本文中の図 4-12 の誤り率が ε である 2 元非対称通信路（BAC）の伝送情報量 $I(A\,;B)$ を求めなさい．ただし，送信記号 a_1, a_2 の生起確率はそれぞれ p, $1 - p$とします．

【39】 以下のように誤り率が ε である同じ 2 元対称通信路（BSC）を 2 個，縦続接続した通信路の伝送情報量 $I(A\,;C)$ と，3 個縦続接続した通信路の伝送情報量 $I(A\,;D)$ を求

めなさい．ただし，送信記号 a_1 と a_2 の生起確率は等しいとします．

$$\xrightarrow{\quad A \quad} [\text{BSC}] \xrightarrow{\quad B \quad} [\text{BSC}] \xrightarrow{\quad C \quad} [\text{BSC}] \xrightarrow{\quad D \quad}$$

【40】本文中の図 4-12 の誤り率が ε である 2 元非対称通信路（BAC）を，図のように 3 個縦続接続した通信路の伝送情報量 $I(A;D)$ を求めなさい．ただし，真ん中の BAC は上下逆につなぐものとします．また，送信記号 a_1, a_2 の生起確率はそれぞれ p, $1 - p$ とします．

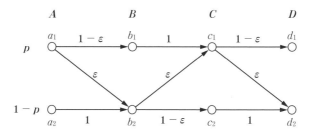

【41】式 (4-49) より，誤り率 $\varepsilon = 1/10$ である 10 元対称通信路の通信路容量を求めなさい．

【42】図のように，誤り率が ε_1 と ε_2 の二つの BSC を並列に並べた 4 元通信路の通信路容量を求めなさい．送信記号は等確率で $\{a_1,\ a_2,\ a_3,\ a_4\}$，受信記号は $\{b_1,\ b_2,\ b_3,\ b_4\}$ とします．

【43】図の通信路の通信路行列 $\boldsymbol{P}$ を書き，記号単位の通信路容量 C を求めなさい[1]．

【44】図の通信路の通信路行列 $\boldsymbol{P}$ を書き，記号単位の通信路容量 C を求めなさい[1]．

【45】図の通信路の通信路行列 $\boldsymbol{P}$ を書き，記号単位の通信路容量 C を求めなさい[1]．

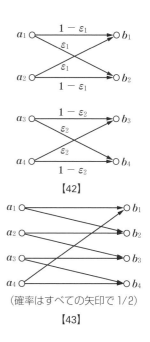

【42】

（確率はすべての矢印で 1/2）

【43】

【46】モールス符号の短点（トン）符号を A_1, 長点（ツー）符号を A_2 とします．いま，短点の伝送時間が $t_1 = 0.1$ 秒で，A_1, A_2 それぞれの生起確率が 75%, 25% のときに最大伝送速度になるとき，長点の伝送時間 t_2 と，時間単位の通信路容量 C' を求めなさい[28].

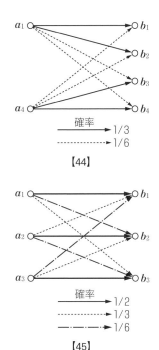

確率
—————→ 1/3
-------→ 1/6

【44】

確率
—————→ 1/2
-------→ 1/3
—·—·—→ 1/6

【45】

【47】モールス符号の短点（トン）符号を A_1, 長点（ツー）符号を A_2 とします．いま，A_1 の生起確率 $p_1 = 0.8$, A_2 の生起確率 $p_2 = 0.2$ とするとき，伝送速度が最大になるときの伝送時間の比 t_2/t_1 を求めなさい．またその場合に，$t_1 = 0.1$ 秒としたときの時間単位の通信路容量 C' を求めなさい．

【48】長さ 7 の 2 元符号を考えます．全部でいくつの符号ができますか．この符号において，1 が 2 個のものだけを選び出すと何種類ありますか．また，それを用いて情報伝達を行うとき，全部用いた場合に比べて冗長度はどれだけ増加しますか[6].

【49】五つの通報 A_1, A_2, A_3, A_4, A_5 を 2 元瞬時符号化するのに際し，符号長を 1, 2, 3, 4, 4 と設定します．クラフトの不等式を用いて，この設定で符号が構成可能かどうかかを調べて，もし構成可能ならば符号を求めなさい．

【50】ある道路の 1 時間の平均交通量は普通車 500 台，大型車 300 台，軽自動車 150 台，単車 50 台であったとします．これをシャノン-ファノの符号化法で符号化しなさい．そして，符号化の効率 e を求めなさい．

【51】6 個の文字 ｛イ，ロ，ハ，ニ，ホ，ヘ｝があります．これらの生起確率は順に
　　　｛0.40, 0.20, 0.16, 0.10, 0.08, 0.06｝
とします．これからハフマン符号をつくって，その効率 e を求めなさい．

【52】次の通報 M_1～M_{13} をハフマンの符号化法により，2 元符号に符号化しなさい．生起確率は以下のとおりとします[1].

$M_1 : 0.20$ $M_8 : 0.04$

$M_2 : 0.18$ $M_9 : 0.04$

$M_3 : 0.10$ $M_{10} : 0.04$

$M_4 : 0.10$ $M_{11} : 0.04$

$M_5 : 0.10$ $M_{12} : 0.03$

$M_6 : 0.06$ $M_{13} : 0.01$

$M_7 : 0.06$

【53】円周率 π は，小数点以下 30 桁までの暗記法として

　　　3.141592653589793238462643383279

〔産医師異国に向こう，産後厄なく産婦御社（ミヤシロ）に虫さんさん闇に鳴く〕

があります[21]．この中で 1〜9 の数字をその出現回数に応じた形でシャノン-ファノ

の符号化をしなさい．

【54】ある商店の 9 品目の商品 A_1〜A_9 の売上額は

$A_1 : 124\,000$ 円　　　$A_6 : 152\,000$ 円

$A_2 : 89\,000$ 円　　　$A_7 : 173\,000$ 円

$A_3 : 110\,000$ 円　　　$A_8 : 52\,000$ 円

$A_4 : 63\,000$ 円　　　$A_9 : 98\,000$ 円

$A_5 : 41\,000$ 円

であったとします．このデータについて 3 元 $\{0, 1, 2\}$ のハフマン符号化をしなさ

い．

【55】いま，二つの情報源記号をもつ情報源 S が

$$S = \begin{pmatrix} s_1 & s_2 \\ \dfrac{3}{4} & \dfrac{1}{4} \end{pmatrix}$$

で表されるとします．これを 2 個ずつにまとめた情報源（これを **2 次の拡大情報源**と

呼びます）S^2，および 3 個ずつにまとめた情報源（これを **3 次の拡大情報源**と呼びま

す）S^3 を次のように生成します．なお，いうまでもありませんが，一般的に n 個ずつ

にまとめた場合は，n **次拡大情報源**（n-th extension）S^n といいます．

$$S^2 = \begin{pmatrix} s_1 s_1 & s_1 s_2 & s_2 s_1 & s_2 s_2 \\ \dfrac{9}{16} & \dfrac{3}{16} & \dfrac{3}{16} & \dfrac{1}{16} \end{pmatrix}$$

$$\mathbf{S}^3 = \begin{pmatrix} s_1s_1s_1 & s_1s_1s_2 & s_1s_2s_1 & s_2s_1s_1 & s_1s_2s_2 & s_2s_1s_2 & s_2s_2s_1 & s_2s_2s_2 \\ \dfrac{27}{64} & \dfrac{9}{64} & \dfrac{9}{64} & \dfrac{9}{64} & \dfrac{3}{64} & \dfrac{3}{64} & \dfrac{3}{64} & \dfrac{1}{64} \end{pmatrix}$$

このとき，三つの情報源 $\mathbf{S}$, $\mathbf{S}^2$, $\mathbf{S}^3$ をそれぞれハフマンの符号化によって符号化しなさい[8]．また，各々の効率 e_1, e_2, e_3 を小数第 3 位まで求めなさい．

【56】排反な情報源

$$A = \begin{pmatrix} a & b & c \\ \dfrac{1}{2} & \dfrac{1}{4} & \dfrac{1}{4} \end{pmatrix}$$

において，この情報源から生成する記号系列を長さ 2 のブロックに区切り，各ブロックに対してシャノン-ファノの符号化を行いなさい[6]．

【57】次のような生起確率をもつ記憶のない情報源に関して，記号 {0, 1} による 2 元ハフマン符号化，および記号 {0, 1, 2, 3} による 4 元ハフマン符号化を行いなさい．

$a_0 : 0.363$ $a_4 : 0.087$

$a_1 : 0.174$ $a_5 : 0.069$

$a_2 : 0.143$ $a_6 : 0.045$

$a_3 : 0.098$ $a_7 : 0.021$

【58】(11010) からハミング距離が 4 である長さ 5 のベクトル（ビット系列）をすべて書きなさい．

【59】最小距離 $d_{\min} = 10$ の符号は誤り訂正と誤り検出の組合せにおいて，何種類の設定が可能ですか．各設定について説明しなさい．

【60】長方形符号において，$n = m = 5$，すなわち X を長さ 25 の情報ビットとします．このとき長方形符号化された次のような符号語

  01101111011010000101111101110111001

を受信したとします．どのビットが誤っているかを求めなさい．

【61】三角形符号において，Y を長さ 21 の三角形符号化された符号語とします．このとき次のような符号語

  011100110010011111001100000101

を受信したとします．どのビットが誤っているかを求めなさい．

【62】15 桁の 2 進数からハミング符号をつくると，その符号語数は何個になりますか．
31 桁の 2 進数の場合も求めなさい[17]．

【63】表 5-4 では，巡回符号を求める際に，式 (5-80) にもとづいて $x^3 p(x)$ を生成多項式
$G(x) = x^3 + x + 1$ で割った余り $R(x)$ を示してありますが，その際の商 $Q(x)$ は示
されていません．番号 0～15 に対応する商 $Q(x)$ を求めなさい．

【64】表 5-4 の巡回符号における受信信号の多項式を
$$F'(x) = d_3 x^6 + d_2 x^5 + d_1 x^4 + d_0 x^3 + c_2 x^2 + c_1 x + c_0$$
とするとき，これを生成多項式 $G(x) = x^3 + x + 1$ で割った余り
$$R(x) = e_2 x^2 + e_1 x + e_0$$
の三つの係数 e_2, e_1, e_0 を実際に割算を行って $F'(x)$ の係数 d_3, d_2, d_1, d_0, c_2, c_1,
c_0 の式で求めなさい[11]．

【65】表 5-6 の原始多項式について，$t = 1$～20 について各々の周期 p を求めなさい．

【66】シーザー暗号で暗号化した次の暗号文を復号しなさい．
WKHFRORURIPBFDULVZKLWH

【67】シーザー暗号では，ふつうはシフト文字数 $k = 3$ ですが，次の暗号文は $k \neq 3$ で
あることがわかっているものとします．これを復号しなさい．
QHWHUAVRFVVZHRHUHNVFH

【68】上杉謙信の暗号 (121 ページ,「談話室」参照) を用いて次の平文を暗号化しなさい．
「刀と槍の手入れを怠るべからず」

【69】上杉謙信の次の暗号文を復号しなさい．
「きえのれくしあなくつのしのれきみくつあつくしふしあつふれれみ」

【70】式 (6-4) の置換 σ を用いて，単文字換字暗号で作成した次の暗号文を平文に復号し
なさい．
VGFGKSHGIRHSYGWCGQVWB

【71】バーナム暗号で乱数列

22, 13, 5, 18, 11, 25, 19, 18, 1, 9

を使った通信で，暗号文

PUNKTRTHFW

を受信したとします．これを復号しなさい．

【72】次の数を二つの素因数に分解しなさい（電卓，PC 使用可）．

（1） 337913

（2） 1176299

（3） 2462561

【73】次の計算をしなさい（135 ページ，「談話室」参照）．

（1） 76^{15} （mod 34）

（2） 82^{43} （mod 85）

（3） 123^{45} （mod 67）

（4） 326^{61} （mod 437）

【74】RSA 暗号で，$p = 19$，$q = 23$ とします．2 数の積は $n = pq = 437$ となります．このとき，$k = \mathrm{LCM}\,[p-1,\ q-1] = \mathrm{LCM}\,[18,\ 22] = 198$ と素なる整数 d として，$d = 13$ を選びます．$ed \equiv 1$ （mod 198）である整数 e を求めなさい[19]（電卓使用可）．

【75】文字コードを，$\_ = 10$，$A = 11$，$B = 12$，$C = 13$，$\cdots$，$Y = 35$，$Z = 36$ とします．RSA 暗号の二つの鍵を

$$\begin{cases} \text{暗号化鍵}\ (e,\ n) = (61,\ 437) \\ \text{復号鍵}\quad (d,\ n) = (13,\ 437) \end{cases}$$

と決めたとき，平文

GOOD_BY

を暗号化した結果の数字列を書きなさい．

【76】上記の RSA 暗号で，暗号文が

292, 355, 415

であるとき，これを復号して元の平文（英文）を示しなさい．

【77】RSA 暗号において，$n = pq$，暗号化鍵 $(e,\ n)$，復号鍵 $(d,\ n)$ とします．

$n = 504\,737$, $e = 1231$ のとき，d を求めなさい[15]（PC 使用可）.

【78】RSA 暗号において，$n = pq$，暗号化鍵 (e, n)，復号鍵 (d, n) とします.
$n = 681\,157$，$e = 811$ のとき，d を求めなさい[15]（PC 使用可）.

【79】RSA 暗号において，$n = pq$，暗号化鍵 (e, n)，復号鍵 (d, n) とします.
$n = 8633$，$e = 151$ のとき，d を求めて次の暗号文 C を復号しなさい[15]（PC 使用可）.
$C = 2403$，4971，1599，1000

【80】N 通りのハッシュ値をとるハッシュ関数において，$\sqrt{N}$ 個のメッセージを選んだときに衝突が発生する確率を求めなさい.

章末問題 略解

Q1.1 （見やすいように 4 桁区切りで示す）
 （ア） 1111 1100.0101 0000 1110 （イ） 11.0010 0100 0011 1111 0
 （ウ） 111 1100 1101.1011 1010 0101 1110

Q1.2 （ア） 13.40625 （イ） 4.84375 （ウ） 93.1015625

Q1.3 （ア） 0011 0001 0110 0010 （イ） 1001 0000 0110 0000
 （ウ） 0100 0101 0010 0011 （エ） 0100 1001 0001 0111
 （オ） 0010 0000 0111 0100

Q1.4 （ア） 668 （イ） 511 （ウ） 3053 （エ） 64206 （オ） 40298

Q1.5 （ア） $(57)_8$, $(2F)_{16}$ （イ） $(173)_8$, $(7B)_{16}$
 （ウ） $(6117)_8$, $(C4F)_{16}$ （エ） $(16677)_8$, $(1DBF)_{16}$

Q2.1 $\dfrac{7}{72}$

Q2.2 和 2 : $\dfrac{1}{54}$, 和 3 : $\dfrac{3}{54}$, 和 4 : $\dfrac{4}{54}$, 和 5 : $\dfrac{6}{54}$, 和 6 : $\dfrac{7}{54}$, 和 7 : $\dfrac{9}{54}$,

 和 8 : $\dfrac{8}{54}$, 和 9 : $\dfrac{6}{54}$, 和 10 : $\dfrac{5}{54}$, 和 11 : $\dfrac{3}{54}$, 和 12 : $\dfrac{2}{54}$

Q2.3 $\dfrac{14}{99}$

Q2.4 2500 円

Q2.5 $P(A_1 \mid B) = 54.9\,\%$：ビデオが映らなくなったとき，ビデオの電子回路の故障
 が原因と考えられる確率
 $P(A_2 \mid B) = 42.3\,\%$：ビデオが映らなくなったとき，モータの故障が原因と考
 えられる確率
 $P(A_3 \mid B) = 2.8\,\%$：ビデオが映らなくなったとき，テープの破損が原因と考
 えられる確率

Q3.1 1.71 bit

Q3.2 2.16 bit

Q3.3 5.585 bit

Q3.4 $a = 9$, $n = 8$, $H_0 = 2.976$ bit

Q3.5 1.69 bit

Q4.1 $I(A : B) = 0.353$ 〔bit/記号〕

Q4.2 通信路線図は図のとおり.

$$P = \begin{bmatrix} 1 - \varepsilon - u & u & \varepsilon \\ \varepsilon & u & 1 - \varepsilon - u \end{bmatrix}$$

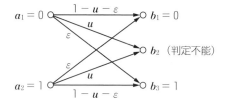

Q4.3 $I(A : B) = 0.875$ 〔bit/記号〕

Q4.4 $C = 0.531$ 〔bit/記号〕

Q4.5 $C = 1.372$ 〔bit/記号〕

Q5.1 構成可能

Q5.2 A_4 00, A_3 01, A_6 10, A_2 110, A_5 1110, A_1 1111
      （符号化は一意ではないのでこれ以外の答もある） $e = 0.968$

Q5.3 A_4 00, A_3 01, A_6 11, A_2 101, A_5 1000, A_1 1001
      （符号化は一意ではないのでこれ以外の答もある） $e = 0.968$

Q5.4 $(0, a)(1, c)(1, b)(1, a)$, 0011001010100

Q5.5 $\gamma_0 = 0$, $\gamma = 0.0255$

Q5.6 3ビット目が誤りで，正しい符号語は 1101001

Q6.1 ABCD EFGH IJKL MNOP QRST UVWX YZ
      DEFG HIJK LMNO PQRS TUVW XYZA BC

Q6.2 WRNBRRVDNDQDJRBDNBRWRIXNXRND

Q6.3 JAVXVXFHUCIGIRJAGJVXHSYWUCINVB

Q6.4 TSIFINTIOEALDEYUPTLPYAASBBLELB

Q6.5 （ア） 5×17 （イ） 13×19 （ウ） 359×431

演習問題 80 選 略解

【1】 $1000 \to 10$ bit, 62.5%, $9999 \to 14$ bit, 87.5%

【2】 BCD $\to 4n$ bit, 自然 2 進数 $\to \dfrac{n}{\log 2}$ bit, 約 83%

【3】 56.9%

【4】 36.7%

【5】 51.1%

【6】 8

【7】 山田 40.0, 鈴木 73.8, 加藤 52.5

【8】 A 氏 15000 円, B 氏 5000 円

【9】 (a) 10.2% (b) 15.0%

【10】 $n = 16667$ 回

【11】 $P(A_1 \,|\, B) = 19.7$ %, $P(A_2 \,|\, B) = 1.7$ %, $P(A_3 \,|\, B) = 78.6$ %

【12】 $P(A_1 \,|\, B) = 95.11$ %, $P(A_2 \,|\, B) = 1.55$ %, $P(A_3 \,|\, B) = 3.29$ %,
$P(A_4 \,|\, B) = 0.05$ %

【13】 $P(A_1 \,|\, B) = 70.84$ % スピード違反, $P(A_2 \,|\, B) = 20.43$ % 駐車違反,
$P(A_3 \,|\, B) = 3.46$ % 一旦停止違反, $P(A_4 \,|\, B) = 4.28$ % 信号無視,
$P(A_5 \,|\, B) = 0.99$ % 一方通行違反

【14】 $P(近視 \,|\, 眼鏡) = 0.583$, $P(老眼 \,|\, 眼鏡) = 0.278$, $P(正常 \,|\, 眼鏡) = 0.139$

【15】 2.7%

【16】 8.19 bit

【17】 付録 (169〜172 ページ) 参照

【18】 2.585 bit

【19】 0.38 bit

【20】 $\dfrac{1}{2277}$

【21】 58.35%

【22】 平均 $\mu = 10.5$, 分散 $\sigma^2 = 26.25$, 標準偏差 $\sigma = 5.12$, エントロピー
$H(X) = 7.755$ bit

【23】 0.184 bit

【24】 甲君 0.88 bit, 乙君 1.56 bit, 丙君 0.61 bit

【25】 3.38 bit

【26】 2.82 bit

【27】 0.331 bit

【28】 $H(A \mid B) = \mathcal{H}(p) + p - 1$, $H_1(A \mid B) = 0.579$, $H_2(A \mid B) = 0.512$

【29】 $P(s_0) = \dfrac{2}{3}$, $P(s_1) = \dfrac{1}{3}$, $H(S) = 0.553$ bit

【30】 $P(00) = \dfrac{2}{9}$, $P(01) = \dfrac{1}{6}$, $P(10) = \dfrac{1}{6}$, $P(11) = \dfrac{4}{9}$

【31】 $\boldsymbol{P} = \begin{bmatrix} p_{11} & p_{12} & p_{13} & p_{14} & p_{15} \\ p_{21} & p_{22} & p_{23} & p_{24} & p_{25} \\ p_{31} & p_{32} & p_{33} & p_{34} & p_{35} \\ p_{41} & p_{42} & p_{43} & p_{44} & p_{45} \\ p_{51} & p_{52} & p_{53} & p_{54} & p_{55} \end{bmatrix}$

状態遷移図は右図を参照.

$= \begin{bmatrix} \dfrac{1}{2} & \dfrac{1}{2} & 0 & 0 & 0 \\ \dfrac{5}{32} & \dfrac{9}{16} & \dfrac{9}{32} & 0 & 0 \\ 0 & \dfrac{3}{8} & \dfrac{1}{2} & \dfrac{1}{8} & 0 \\ 0 & 0 & \dfrac{21}{32} & \dfrac{5}{16} & \dfrac{1}{32} \\ 0 & 0 & 0 & 1 & 0 \end{bmatrix}$

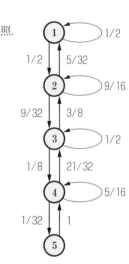

【32】 $H(X) = 3.27$ 〔bit〕, $H(X \mid Y) = 2.20$ 〔bit〕, $I(X : Y) = 1.08$ 〔bit/ 記号〕

【33】 $I(A \mid B) = 0.149$ 〔bit〕

【34】 $I(A : B) = \log_2 3 - \left(\dfrac{2}{3}\right)\mathcal{H}(p)$

【35】 オオカミ少年：0.003064 bit，嘘をつかない少年：0.2864 bit

【36】 (ア) ${}_nC_k(0.3)^k(0.7)^{n-k}$ (イ) $\dfrac{n\,!}{\alpha\,!\,\beta\,!\,(n - \alpha - \beta)\,!} \times (0.7)^{n-\alpha-\beta}(0.2)^\alpha(0.1)^\beta$

(ウ) 0.15052284

【37】 送信記号を $a_1(0)$，$a_2(1)$，受信記号を $b_1(0)$，b_2(不明)，$b_3(1)$ として $H(B)$ と $H(B \mid A)$ を計算から求めてエントロピー関数で表し，$I(A : B) = H(B)$ $- H(B \mid A)$ に代入すれば簡単に証明可能.

【38】 $I(A : B) = - p(1 - \varepsilon)\log_2 p(1 - \varepsilon) - (1 - p + p\varepsilon)\log_2(1 - p + p\varepsilon)$ $\qquad\qquad - p\mathcal{H}(\varepsilon)$

【39】 $I(A : C) = 1 - \mathcal{H}(2\varepsilon\bar{\varepsilon})$, $I(A : D) = 1 - \mathcal{H}(\varepsilon^3 + 3\varepsilon\bar{\varepsilon}^2)$（ただし，$\bar{\varepsilon} = 1 - \varepsilon$）

【40】
$$I(A : D) = - z_1 \log_2 z_1 - z_2 \log_2 z_2 - p(z_3 \log_2 z_3 + z_4 \log_2 z_4)$$
$$- (1 - p)(z_5 \log_2 z_5 + z_6 \log_2 z_6)$$
〔ただし，$z_1 = \varepsilon(p\varepsilon^2 - \varepsilon + 1)$，$z_2 = p\varepsilon^3 - 2p\varepsilon^2 + 3p\varepsilon + \varepsilon - p$，
$z_3 = \varepsilon(\varepsilon^2 - \varepsilon + 1)$，$z_4 = \varepsilon^3 - 2\varepsilon^2 + 2\varepsilon$，$z_5 = \varepsilon(1 - \varepsilon)$，$z_6 = 1 - \varepsilon$〕

【41】 2.54〔bit/記号〕

【42】 $C = 2 - \dfrac{1}{2}\mathcal{H}(\varepsilon_1) - \dfrac{1}{2}\mathcal{H}(\varepsilon_2)$

【43】
$$\boldsymbol{P} = \begin{bmatrix} \dfrac{1}{2} & \dfrac{1}{2} & 0 & 0 \\[2mm] 0 & \dfrac{1}{2} & \dfrac{1}{2} & 0 \\[2mm] 0 & 0 & \dfrac{1}{2} & \dfrac{1}{2} \\[2mm] \dfrac{1}{2} & 0 & 0 & \dfrac{1}{2} \end{bmatrix}$$
$C = 1$〔bit/記号〕

【44】
$$\boldsymbol{P} = \begin{bmatrix} \dfrac{1}{3} & \dfrac{1}{3} & \dfrac{1}{6} & \dfrac{1}{6} \\[2mm] \dfrac{1}{6} & \dfrac{1}{6} & \dfrac{1}{3} & \dfrac{1}{3} \end{bmatrix}$$
$C = 0.082$〔bit/記号〕

【45】
$$\boldsymbol{P} = \begin{bmatrix} \dfrac{1}{2} & \dfrac{1}{3} & \dfrac{1}{6} \\[2mm] \dfrac{1}{6} & \dfrac{1}{2} & \dfrac{1}{3} \\[2mm] \dfrac{1}{3} & \dfrac{1}{6} & \dfrac{1}{2} \end{bmatrix}$$
$C = 0.126$〔bit/記号〕

【46】 $t_2 = 0.482$〔秒〕，$C' = 4.15$〔bit/sec〕

【47】 $\dfrac{t_2}{t_1} = 7.2$，$C' = 6.99$〔bit/sec〕

【48】 128 個，21 個，37.2%

【49】 構成可能で
$A_1 : 0$，$A_2 : 10$，$A_3 : 110$，$A_4 : 1110$，$A_5 : 1111$（0 と 1 が逆も可）

【50】 $A_1 : 0$　普通車，$A_2 : 10$　大型車，$A_3 : 110$　軽自動車，$A_4 : 111$　単車
（答は一意ではないのでこれ以外の答もある），$e = 0.97$

【51】 イ：1，ロ：000，ハ：001，ニ：011，ホ：0100，ヘ：0101（答は一意ではないのでこれ以外の答もある），$e = 0.97$

【52】 M_1：10，M_2：000，M_3：011，M_4：110，M_5：111，M_6：0101，M_7：00100，M_8：00101，M_9：00110，M_{10}：00111，M_{11}：01000，M_{12}：010010，M_{13}：010011（答は一意ではないのでこれ以外の答もある）

【53】 A_3：00，A_2：010，A_9：011，A_4：100，A_8：110，A_5：1010，A_6：1011，A_1：1110，A_7：1111（答は一意ではないのでこれ以外の答もある）

【54】 A_7：2，A_6：01，A_1：02，A_3：10，A_9：11，A_2：12，A_4：000，A_8：001，A_5：002（答は一意ではないのでこれ以外の答もある）

【55】 〈S の場合〉s_1：0，s_2：1，$e_1 = 0.811$

〈S^2 の場合〉$s_1 s_1$：0，$s_1 s_2$：11，$s_2 s_1$：100，$s_2 s_2$：101，$e_2 = 0.961$

〈S^3 の場合〉$s_1 s_1 s_1$：1，$s_1 s_1 s_2$：001，$s_1 s_2 s_1$：010，$s_2 s_1 s_1$：011，$s_1 s_2 s_2$：00000，$s_2 s_1 s_2$：00001，$s_2 s_2 s_1$：00010，$s_2 s_2 9_2$：00011，$e_3 = 0.986$

（答は一意ではないのでこれ以外の答もある）

【56】 $aa = 00$，$ab = 010$，$ac = 011$，$ba = 100$，$ca = 101$，$bb = 1100$，$bc = 1101$，$cb = 1110$，$cc = 1111$（答は一意ではないのでこれ以外の答もある）

【57】 2 元ハフマン符号化　a_0：1，a_1：001，a_2：010，a_3：0000，a_4：0001，a_5：0110，a_6：01110，a_7：01111（答は一意ではないのでこれ以外の答もある）

4 元ハフマン符号化　a_0：1，a_1：01，a_2：02，a_3：03，a_4：000，a_5：001，a_6：002，A_7：003（答は一意ではないのでこれ以外の答もある）

【58】 (10101)

(01101)

(00001)

(00111)

(00100)

【59】 以下の 6 種類．

① 五重誤り訂正，誤り検出なし　② 四重誤り訂正，単一誤り検出

③ 三重誤り訂正，三重誤り検出　④ 二重誤り訂正，五重誤り検出

⑤ 単一誤り訂正，七重誤り検出　⑥ 誤り訂正なし，九重誤り検出

【60】 第 22 ビット

【61】 第 21 ビット

【62】 15 桁のとき，2048 個，31 桁のとき，67 108 864 個

【63】 番号 0：$Q(x) = 0$　　　番号 1：$Q(x) = 1$　　　番号 2：$Q(x) = x$

番号 3：$Q(x) = x + 1$　番号 4：$Q(x) = x^2 + 1$　番号 5：$Q(x) = x^2$

番号 6：$Q(x) = x^2 + x + 1$　　　番号 7：$Q(x) = x^2 + x$

番号 8：$Q(x) = x^3 + x + 1$　　　番号 9：$Q(x) = x^3 + x$

番号 10：$Q(x) = x^3 + 1$　　　　　番号 11：$Q(x) = x^3$

番号 12：$Q(x) = x^3 + x^2 + x$　　番号 13：$Q(x) = x^3 + x^2 + x + 1$

番号 14：$Q(x) = x^3 + x^2$　　　　番号 15：$Q(x) = x^3 + x^2 + 1$

【64】 $e_2 = c_2 + d_1 + d_2 + d_3$, $e_1 = c_1 + d_0 + d_1 + d_2$, $e_0 = c_0 + d_0 + d_2 + d_3$

【65】 $t = 1$ のとき $p = 1$, $t = 2$ のとき $p = 3$, $t = 3$ のとき $p = 7$, $t = 4$ のとき $p = 15$, $t = 5$ のとき $p = 31$, $p = 6$ のとき $p = 63$, $t = 7$ のとき $p = 127$, $t = 8$ のとき $p = 255$, $t = 9$ のとき $p = 511$, $t = 10$ のとき $p = 1023$, $t = 11$ のとき $p = 2047$, $t = 12$ のとき $p = 4095$, $t = 13$ のとき $p = 8191$, $t = 14$ のとき $p = 16383$, $t = 15$ のとき $p = 32767$, $t = 16$ のとき $p = 65535$, $t = 17$ のとき $p = 131071$, $t = 18$ とき $p = 262143$, $t = 19$ のとき $p = 524287$, $t = 20$ のとき $p = 1048575$

【66】 THECOLOROFMYCARISWHITE（THE COLOR OF MY CAR IS WHITE）

【67】 $k = 7$, JAPANTOKYOOSAKANAGOYA

【68】 「きしのれのしあしふつきれゆみふしあつのなきみゆえふみのれきくあえきしゆつれみ」

【69】 「わたしはあなたをあいしています」

【70】 IAMABOYANDYOUAREAGIRL（I AM A BOY AND YOU ARE A GIRL）

【71】 THISISAPEN（THIS IS A PEN）

【72】 (1) 733×461　(2) 509×2311　(3) 251×9811

【73】 (1) 32　(2) 78　(3) 62　(4) 2

【74】 $e = 61$

【75】 195, 294, 294, 250, 224, 354, 55

【76】 PEN

【77】 $d = 206887$

【78】 $d = 23041$

【79】 $d = 7$, 平文 $P = 6230$, 3158, 1907, 3640

【80】 $1 - e^{-\frac{1}{2}} \fallingdotseq 0.39$

付録 1 エントロピー関数表

$\mathcal{H}(0.000) = 0.000000$ $\mathcal{H}(0.001) = 0.011408$ $\mathcal{H}(0.002) = 0.020814$ $\mathcal{H}(0.003) = 0.029464$

$\mathcal{H}(0.004) = 0.037622$ $\mathcal{H}(0.005) = 0.045415$ $\mathcal{H}(0.006) = 0.052915$ $\mathcal{H}(0.007) = 0.060172$

$\mathcal{H}(0.008) = 0.067222$ $\mathcal{H}(0.009) = 0.074088$ $\mathcal{H}(0.010) = 0.080793$ $\mathcal{H}(0.011) = 0.087352$

$\mathcal{H}(0.012) = 0.093778$ $\mathcal{H}(0.013) = 0.100082$ $\mathcal{H}(0.014) = 0.106274$ $\mathcal{H}(0.015) = 0.112361$

$\mathcal{H}(0.016) = 0.118350$ $\mathcal{H}(0.017) = 0.124248$ $\mathcal{H}(0.018) = 0.130059$ $\mathcal{H}(0.019) = 0.135788$

$\mathcal{H}(0.020) = 0.141441$ $\mathcal{H}(0.021) = 0.147019$ $\mathcal{H}(0.022) = 0.152527$ $\mathcal{H}(0.023) = 0.157969$

$\mathcal{H}(0.024) = 0.163346$ $\mathcal{H}(0.025) = 0.168661$ $\mathcal{H}(0.026) = 0.173917$ $\mathcal{H}(0.027) = 0.179116$

$\mathcal{H}(0.028) = 0.184261$ $\mathcal{H}(0.029) = 0.189352$ $\mathcal{H}(0.030) = 0.194392$ $\mathcal{H}(0.031) = 0.199382$

$\mathcal{H}(0.032) = 0.204325$ $\mathcal{H}(0.033) = 0.209220$ $\mathcal{H}(0.034) = 0.214071$ $\mathcal{H}(0.035) = 0.218878$

$\mathcal{H}(0.036) = 0.223642$ $\mathcal{H}(0.037) = 0.228364$ $\mathcal{H}(0.038) = 0.233046$ $\mathcal{H}(0.039) = 0.237688$

$\mathcal{H}(0.040) = 0.242292$ $\mathcal{H}(0.041) = 0.246859$ $\mathcal{H}(0.042) = 0.251388$ $\mathcal{H}(0.043) = 0.255882$

$\mathcal{H}(0.044) = 0.260341$ $\mathcal{H}(0.045) = 0.264765$ $\mathcal{H}(0.046) = 0.269156$ $\mathcal{H}(0.047) = 0.273514$

$\mathcal{H}(0.048) = 0.277840$ $\mathcal{H}(0.049) = 0.282134$ $\mathcal{H}(0.050) = 0.286397$ $\mathcal{H}(0.051) = 0.290630$

$\mathcal{H}(0.052) = 0.294833$ $\mathcal{H}(0.053) = 0.299007$ $\mathcal{H}(0.054) = 0.303152$ $\mathcal{H}(0.055) = 0.307268$

$\mathcal{H}(0.056) = 0.311357$ $\mathcal{H}(0.057) = 0.315419$ $\mathcal{H}(0.058) = 0.319454$ $\mathcal{H}(0.059) = 0.323462$

$\mathcal{H}(0.060) = 0.327445$ $\mathcal{H}(0.061) = 0.331402$ $\mathcal{H}(0.062) = 0.335334$ $\mathcal{H}(0.063) = 0.339240$

$\mathcal{H}(0.064) = 0.343123$ $\mathcal{H}(0.065) = 0.346981$ $\mathcal{H}(0.066) = 0.350816$ $\mathcal{H}(0.067) = 0.354627$

$\mathcal{H}(0.068) = 0.358415$ $\mathcal{H}(0.069) = 0.362181$ $\mathcal{H}(0.070) = 0.365924$ $\mathcal{H}(0.071) = 0.369644$

$\mathcal{H}(0.072) = 0.373343$ $\mathcal{H}(0.073) = 0.377021$ $\mathcal{H}(0.074) = 0.380677$ $\mathcal{H}(0.075) = 0.384312$

$\mathcal{H}(0.076) = 0.387926$ $\mathcal{H}(0.077) = 0.391519$ $\mathcal{H}(0.078) = 0.395093$ $\mathcal{H}(0.079) = 0.398646$

$\mathcal{H}(0.080) = 0.402179$ $\mathcal{H}(0.081) = 0.405693$ $\mathcal{H}(0.082) = 0.409187$ $\mathcal{H}(0.083) = 0.412663$

$\mathcal{H}(0.084) = 0.416119$ $\mathcal{H}(0.085) = 0.419556$ $\mathcal{H}(0.086) = 0.422975$ $\mathcal{H}(0.087) = 0.426376$

$\mathcal{H}(0.088) = 0.429759$ $\mathcal{H}(0.089) = 0.433123$ $\mathcal{H}(0.090) = 0.436470$ $\mathcal{H}(0.091) = 0.439799$

$\mathcal{H}(0.092) = 0.443111$ $\mathcal{H}(0.093) = 0.446405$ $\mathcal{H}(0.094) = 0.449682$ $\mathcal{H}(0.095) = 0.452943$

$\mathcal{H}(0.096) = 0.456186$ $\mathcal{H}(0.097) = 0.459413$ $\mathcal{H}(0.098) = 0.462623$ $\mathcal{H}(0.099) = 0.465818$

$\mathcal{H}(0.100) = 0.468996$ $\mathcal{H}(0.101) = 0.472158$ $\mathcal{H}(0.102) = 0.475304$ $\mathcal{H}(0.103) = 0.478434$

$\mathcal{H}(0.104) = 0.481549$ $\mathcal{H}(0.105) = 0.484648$ $\mathcal{H}(0.106) = 0.487732$ $\mathcal{H}(0.107) = 0.490800$

$\mathcal{H}(0.108) = 0.493854$ $\mathcal{H}(0.109) = 0.496892$ $\mathcal{H}(0.110) = 0.499916$ $\mathcal{H}(0.111) = 0.502925$

$\mathcal{H}(0.112) = 0.505919$ $\mathcal{H}(0.113) = 0.508899$ $\mathcal{H}(0.114) = 0.511865$ $\mathcal{H}(0.115) = 0.514816$

$\mathcal{H}(0.116) = 0.517753$ $\mathcal{H}(0.117) = 0.520676$ $\mathcal{H}(0.118) = 0.523584$ $\mathcal{H}(0.119) = 0.526480$

$\mathcal{H}(0.120) = 0.529361$　$\mathcal{H}(0.121) = 0.532229$　$\mathcal{H}(0.122) = 0.535083$　$\mathcal{H}(0.123) = 0.537923$

$\mathcal{H}(0.124) = 0.540750$　$\mathcal{H}(0.125) = 0.543564$　$\mathcal{H}(0.126) = 0.546365$　$\mathcal{H}(0.127) = 0.549153$

$\mathcal{H}(0.128) = 0.551928$　$\mathcal{H}(0.129) = 0.554689$　$\mathcal{H}(0.130) = 0.557438$　$\mathcal{H}(0.131) = 0.560174$

$\mathcal{H}(0.132) = 0.562898$　$\mathcal{H}(0.133) = 0.565609$　$\mathcal{H}(0.134) = 0.568307$　$\mathcal{H}(0.135) = 0.570993$

$\mathcal{H}(0.136) = 0.573667$　$\mathcal{H}(0.137) = 0.576328$　$\mathcal{H}(0.138) = 0.578977$　$\mathcal{H}(0.139) = 0.581614$

$\mathcal{H}(0.140) = 0.584239$　$\mathcal{H}(0.141) = 0.586852$　$\mathcal{H}(0.142) = 0.589453$　$\mathcal{H}(0.143) = 0.592042$

$\mathcal{H}(0.144) = 0.594619$　$\mathcal{H}(0.145) = 0.597185$　$\mathcal{H}(0.146) = 0.599739$　$\mathcal{H}(0.147) = 0.602282$

$\mathcal{H}(0.148) = 0.604813$　$\mathcal{H}(0.149) = 0.607332$　$\mathcal{H}(0.150) = 0.609840$　$\mathcal{H}(0.151) = 0.612337$

$\mathcal{H}(0.152) = 0.614823$　$\mathcal{H}(0.153) = 0.617297$　$\mathcal{H}(0.154) = 0.619760$　$\mathcal{H}(0.155) = 0.622213$

$\mathcal{H}(0.156) = 0.624654$　$\mathcal{H}(0.157) = 0.627084$　$\mathcal{H}(0.158) = 0.629503$　$\mathcal{H}(0.159) = 0.631912$

$\mathcal{H}(0.160) = 0.634310$　$\mathcal{H}(0.161) = 0.636697$　$\mathcal{H}(0.162) = 0.639073$　$\mathcal{H}(0.163) = 0.641438$

$\mathcal{H}(0.164) = 0.643794$　$\mathcal{H}(0.165) = 0.646138$　$\mathcal{H}(0.166) = 0.648472$　$\mathcal{H}(0.167) = 0.650796$

$\mathcal{H}(0.168) = 0.653109$　$\mathcal{H}(0.169) = 0.655412$　$\mathcal{H}(0.170) = 0.657705$　$\mathcal{H}(0.171) = 0.659987$

$\mathcal{H}(0.172) = 0.662260$　$\mathcal{H}(0.173) = 0.664522$　$\mathcal{H}(0.174) = 0.666774$　$\mathcal{H}(0.175) = 0.669016$

$\mathcal{H}(0.176) = 0.671248$　$\mathcal{H}(0.177) = 0.673470$　$\mathcal{H}(0.178) = 0.675682$　$\mathcal{H}(0.179) = 0.677885$

$\mathcal{H}(0.180) = 0.680077$　$\mathcal{H}(0.181) = 0.682260$　$\mathcal{H}(0.182) = 0.684433$　$\mathcal{H}(0.183) = 0.686596$

$\mathcal{H}(0.184) = 0.688750$　$\mathcal{H}(0.185) = 0.690894$　$\mathcal{H}(0.186) = 0.693028$　$\mathcal{H}(0.187) = 0.695153$

$\mathcal{H}(0.188) = 0.697269$　$\mathcal{H}(0.189) = 0.699375$　$\mathcal{H}(0.190) = 0.701471$　$\mathcal{H}(0.191) = 0.703559$

$\mathcal{H}(0.192) = 0.705637$　$\mathcal{H}(0.193) = 0.707705$　$\mathcal{H}(0.194) = 0.709765$　$\mathcal{H}(0.195) = 0.711815$

$\mathcal{H}(0.196) = 0.713856$　$\mathcal{H}(0.197) = 0.715887$　$\mathcal{H}(0.198) = 0.717910$　$\mathcal{H}(0.199) = 0.719924$

$\mathcal{H}(0.200) = 0.721928$　$\mathcal{H}(0.201) = 0.723924$　$\mathcal{H}(0.202) = 0.725910$　$\mathcal{H}(0.203) = 0.727888$

$\mathcal{H}(0.204) = 0.729856$　$\mathcal{H}(0.205) = 0.731816$　$\mathcal{H}(0.206) = 0.733767$　$\mathcal{H}(0.207) = 0.735709$

$\mathcal{H}(0.208) = 0.737642$　$\mathcal{H}(0.209) = 0.739567$　$\mathcal{H}(0.210) = 0.741483$　$\mathcal{H}(0.211) = 0.743390$

$\mathcal{H}(0.212) = 0.745288$　$\mathcal{H}(0.213) = 0.747178$　$\mathcal{H}(0.214) = 0.749059$　$\mathcal{H}(0.215) = 0.750932$

$\mathcal{H}(0.216) = 0.752796$　$\mathcal{H}(0.217) = 0.754652$　$\mathcal{H}(0.218) = 0.756499$　$\mathcal{H}(0.219) = 0.758337$

$\mathcal{H}(0.220) = 0.760168$　$\mathcal{H}(0.221) = 0.761989$　$\mathcal{H}(0.222) = 0.763803$　$\mathcal{H}(0.223) = 0.765608$

$\mathcal{H}(0.224) = 0.767404$　$\mathcal{H}(0.225) = 0.769193$　$\mathcal{H}(0.226) = 0.770973$　$\mathcal{H}(0.227) = 0.772745$

$\mathcal{H}(0.228) = 0.774509$　$\mathcal{H}(0.229) = 0.776264$　$\mathcal{H}(0.230) = 0.778011$　$\mathcal{H}(0.231) = 0.779750$

$\mathcal{H}(0.232) = 0.781481$　$\mathcal{H}(0.233) = 0.783204$　$\mathcal{H}(0.234) = 0.784919$　$\mathcal{H}(0.235) = 0.786626$

$\mathcal{H}(0.236) = 0.788325$　$\mathcal{H}(0.237) = 0.790016$　$\mathcal{H}(0.238) = 0.791699$　$\mathcal{H}(0.239) = 0.793373$

$\mathcal{H}(0.240) = 0.795040$　$\mathcal{H}(0.241) = 0.796699$　$\mathcal{H}(0.242) = 0.798350$　$\mathcal{H}(0.243) = 0.799994$

$\mathcal{H}(0.244) = 0.801629$　$\mathcal{H}(0.245) = 0.803257$　$\mathcal{H}(0.246) = 0.804876$　$\mathcal{H}(0.247) = 0.806489$

$\mathcal{H}(0.248) = 0.808093$　$\mathcal{H}(0.249) = 0.809689$　$\mathcal{H}(0.250) = 0.811278$　$\mathcal{H}(0.251) = 0.812859$

$\mathcal{H}(0.252) = 0.814433$　$\mathcal{H}(0.253) = 0.815998$　$\mathcal{H}(0.254) = 0.817557$　$\mathcal{H}(0.255) = 0.819107$

$\mathcal{H}(0.256) = 0.820650$　$\mathcal{H}(0.257) = 0.822186$　$\mathcal{H}(0.258) = 0.823713$　$\mathcal{H}(0.259) = 0.825234$

$\mathcal{H}(0.260) = 0.826746$　$\mathcal{H}(0.261) = 0.828252$　$\mathcal{H}(0.262) = 0.829749$　$\mathcal{H}(0.263) = 0.831240$

$\mathcal{H}(0.264) = 0.832723$　$\mathcal{H}(0.265) = 0.834198$　$\mathcal{H}(0.266) = 0.835666$　$\mathcal{H}(0.267) = 0.837127$

$\mathcal{H}(0.268) = 0.838580$　$\mathcal{H}(0.269) = 0.840026$　$\mathcal{H}(0.270) = 0.841465$　$\mathcal{H}(0.271) = 0.842896$

$\mathcal{H}(0.272) = 0.844320$　$\mathcal{H}(0.273) = 0.845737$　$\mathcal{H}(0.274) = 0.847146$　$\mathcal{H}(0.275) = 0.848548$

$\mathcal{H}(0.276) = 0.849943$　$\mathcal{H}(0.277) = 0.851331$　$\mathcal{H}(0.278) = 0.852711$　$\mathcal{H}(0.279) = 0.854085$

$\mathcal{H}(0.280) = 0.855451$　$\mathcal{H}(0.281) = 0.856810$　$\mathcal{H}(0.282) = 0.858162$　$\mathcal{H}(0.283) = 0.859506$

$\mathcal{H}(0.284) = 0.860844$　$\mathcal{H}(0.285) = 0.862175$　$\mathcal{H}(0.286) = 0.863498$　$\mathcal{H}(0.287) = 0.864814$

$\mathcal{H}(0.288) = 0.866124$　$\mathcal{H}(0.289) = 0.867426$　$\mathcal{H}(0.290) = 0.868721$　$\mathcal{H}(0.291) = 0.870010$

$\mathcal{H}(0.292) = 0.871291$　$\mathcal{H}(0.293) = 0.872565$　$\mathcal{H}(0.294) = 0.873832$　$\mathcal{H}(0.295) = 0.875093$

$\mathcal{H}(0.296) = 0.876346$　$\mathcal{H}(0.297) = 0.877593$　$\mathcal{H}(0.298) = 0.878832$　$\mathcal{H}(0.299) = 0.880065$

$\mathcal{H}(0.300) = 0.881291$　$\mathcal{H}(0.301) = 0.882510$　$\mathcal{H}(0.302) = 0.883722$　$\mathcal{H}(0.303) = 0.884927$

$\mathcal{H}(0.304) = 0.886126$　$\mathcal{H}(0.305) = 0.887317$　$\mathcal{H}(0.306) = 0.888502$　$\mathcal{H}(0.307) = 0.889680$

$\mathcal{H}(0.308) = 0.890851$　$\mathcal{H}(0.309) = 0.892016$　$\mathcal{H}(0.310) = 0.893173$　$\mathcal{H}(0.311) = 0.894324$

$\mathcal{H}(0.312) = 0.895469$　$\mathcal{H}(0.313) = 0.896606$　$\mathcal{H}(0.314) = 0.897737$　$\mathcal{H}(0.315) = 0.898861$

$\mathcal{H}(0.316) = 0.899978$　$\mathcal{H}(0.317) = 0.901089$　$\mathcal{H}(0.318) = 0.902193$　$\mathcal{H}(0.319) = 0.903291$

$\mathcal{H}(0.320) = 0.904381$　$\mathcal{H}(0.321) = 0.905466$　$\mathcal{H}(0.322) = 0.906543$　$\mathcal{H}(0.323) = 0.907614$

$\mathcal{H}(0.324) = 0.908678$　$\mathcal{H}(0.325) = 0.909736$　$\mathcal{H}(0.326) = 0.910787$　$\mathcal{H}(0.327) = 0.911832$

$\mathcal{H}(0.328) = 0.912870$　$\mathcal{H}(0.329) = 0.913901$　$\mathcal{H}(0.330) = 0.914926$　$\mathcal{H}(0.331) = 0.915945$

$\mathcal{H}(0.332) = 0.916957$　$\mathcal{H}(0.333) = 0.917962$　$\mathcal{H}(0.334) = 0.918961$　$\mathcal{H}(0.335) = 0.919953$

$\mathcal{H}(0.336) = 0.920939$　$\mathcal{H}(0.337) = 0.921919$　$\mathcal{H}(0.338) = 0.922892$　$\mathcal{H}(0.339) = 0.923859$

$\mathcal{H}(0.340) = 0.924819$　$\mathcal{H}(0.341) = 0.925772$　$\mathcal{H}(0.342) = 0.926720$　$\mathcal{H}(0.343) = 0.927661$

$\mathcal{H}(0.344) = 0.928595$　$\mathcal{H}(0.345) = 0.929523$　$\mathcal{H}(0.346) = 0.930445$　$\mathcal{H}(0.347) = 0.931360$

$\mathcal{H}(0.348) = 0.932269$　$\mathcal{H}(0.349) = 0.933172$　$\mathcal{H}(0.350) = 0.934068$　$\mathcal{H}(0.351) = 0.934958$

$\mathcal{H}(0.352) = 0.935842$　$\mathcal{H}(0.353) = 0.936719$　$\mathcal{H}(0.354) = 0.937590$　$\mathcal{H}(0.355) = 0.938454$

$\mathcal{H}(0.356) = 0.939313$　$\mathcal{H}(0.357) = 0.940165$　$\mathcal{H}(0.358) = 0.941011$　$\mathcal{H}(0.359) = 0.941850$

$\mathcal{H}(0.360) = 0.942683$　$\mathcal{H}(0.361) = 0.943510$　$\mathcal{H}(0.362) = 0.944331$　$\mathcal{H}(0.363) = 0.945145$

$\mathcal{H}(0.364) = 0.945953$　$\mathcal{H}(0.365) = 0.946755$　$\mathcal{H}(0.366) = 0.947551$　$\mathcal{H}(0.367) = 0.948341$

$\mathcal{H}(0.368) = 0.949124$　$\mathcal{H}(0.369) = 0.949901$　$\mathcal{H}(0.370) = 0.950672$　$\mathcal{H}(0.371) = 0.951437$

$\mathcal{H}(0.372) = 0.952195$　$\mathcal{H}(0.373) = 0.952948$　$\mathcal{H}(0.374) = 0.953694$　$\mathcal{H}(0.375) = 0.954434$

$\mathcal{H}(0.376) = 0.955168$　$\mathcal{H}(0.377) = 0.955896$　$\mathcal{H}(0.378) = 0.956617$　$\mathcal{H}(0.379) = 0.957333$

$\mathcal{H}(0.380) = 0.958042$　$\mathcal{H}(0.381) = 0.958745$　$\mathcal{H}(0.382) = 0.959442$　$\mathcal{H}(0.383) = 0.960133$

$\mathcal{H}(0.384) = 0.960818$ $\mathcal{H}(0.385) = 0.961497$ $\mathcal{H}(0.386) = 0.962170$ $\mathcal{H}(0.387) = 0.962836$

$\mathcal{H}(0.388) = 0.963497$ $\mathcal{H}(0.389) = 0.964151$ $\mathcal{H}(0.390) = 0.964800$ $\mathcal{H}(0.391) = 0.965442$

$\mathcal{H}(0.392) = 0.966078$ $\mathcal{H}(0.393) = 0.966708$ $\mathcal{H}(0.394) = 0.967332$ $\mathcal{H}(0.395) = 0.967951$

$\mathcal{H}(0.396) = 0.968563$ $\mathcal{H}(0.397) = 0.969169$ $\mathcal{H}(0.398) = 0.969769$ $\mathcal{H}(0.399) = 0.970363$

$\mathcal{H}(0.400) = 0.970951$ $\mathcal{H}(0.401) = 0.971533$ $\mathcal{H}(0.402) = 0.972109$ $\mathcal{H}(0.403) = 0.972678$

$\mathcal{H}(0.404) = 0.973242$ $\mathcal{H}(0.405) = 0.973800$ $\mathcal{H}(0.406) = 0.974352$ $\mathcal{H}(0.407) = 0.974898$

$\mathcal{H}(0.408) = 0.975438$ $\mathcal{H}(0.409) = 0.975972$ $\mathcal{H}(0.410) = 0.976500$ $\mathcal{H}(0.411) = 0.977023$

$\mathcal{H}(0.412) = 0.977539$ $\mathcal{H}(0.413) = 0.978049$ $\mathcal{H}(0.414) = 0.978553$ $\mathcal{H}(0.415) = 0.979051$

$\mathcal{H}(0.416) = 0.979544$ $\mathcal{H}(0.417) = 0.980030$ $\mathcal{H}(0.418) = 0.980511$ $\mathcal{H}(0.419) = 0.980985$

$\mathcal{H}(0.420) = 0.981454$ $\mathcal{H}(0.421) = 0.981917$ $\mathcal{H}(0.422) = 0.982373$ $\mathcal{H}(0.423) = 0.982824$

$\mathcal{H}(0.424) = 0.983269$ $\mathcal{H}(0.425) = 0.983708$ $\mathcal{H}(0.426) = 0.984141$ $\mathcal{H}(0.427) = 0.984569$

$\mathcal{H}(0.428) = 0.984990$ $\mathcal{H}(0.429) = 0.985405$ $\mathcal{H}(0.430) = 0.985815$ $\mathcal{H}(0.431) = 0.986219$

$\mathcal{H}(0.432) = 0.986617$ $\mathcal{H}(0.433) = 0.987008$ $\mathcal{H}(0.434) = 0.987394$ $\mathcal{H}(0.435) = 0.987775$

$\mathcal{H}(0.436) = 0.988149$ $\mathcal{H}(0.437) = 0.988517$ $\mathcal{H}(0.438) = 0.988880$ $\mathcal{H}(0.439) = 0.989237$

$\mathcal{H}(0.440) = 0.989588$ $\mathcal{H}(0.441) = 0.989933$ $\mathcal{H}(0.442) = 0.990272$ $\mathcal{H}(0.443) = 0.990605$

$\mathcal{H}(0.444) = 0.990932$ $\mathcal{H}(0.445) = 0.991254$ $\mathcal{H}(0.446) = 0.991570$ $\mathcal{H}(0.447) = 0.991880$

$\mathcal{H}(0.448) = 0.992184$ $\mathcal{H}(0.449) = 0.992482$ $\mathcal{H}(0.450) = 0.992774$ $\mathcal{H}(0.451) = 0.993061$

$\mathcal{H}(0.452) = 0.993342$ $\mathcal{H}(0.453) = 0.993617$ $\mathcal{H}(0.454) = 0.993886$ $\mathcal{H}(0.455) = 0.994149$

$\mathcal{H}(0.456) = 0.994407$ $\mathcal{H}(0.457) = 0.994658$ $\mathcal{H}(0.458) = 0.994904$ $\mathcal{H}(0.459) = 0.995144$

$\mathcal{H}(0.460) = 0.995378$ $\mathcal{H}(0.461) = 0.995607$ $\mathcal{H}(0.462) = 0.995829$ $\mathcal{H}(0.463) = 0.996046$

$\mathcal{H}(0.464) = 0.996257$ $\mathcal{H}(0.465) = 0.996463$ $\mathcal{H}(0.466) = 0.996662$ $\mathcal{H}(0.467) = 0.996856$

$\mathcal{H}(0.468) = 0.997043$ $\mathcal{H}(0.469) = 0.997225$ $\mathcal{H}(0.470) = 0.997402$ $\mathcal{H}(0.471) = 0.997572$

$\mathcal{H}(0.472) = 0.997737$ $\mathcal{H}(0.473) = 0.997896$ $\mathcal{H}(0.474) = 0.998049$ $\mathcal{H}(0.475) = 0.998196$

$\mathcal{H}(0.476) = 0.998337$ $\mathcal{H}(0.477) = 0.998473$ $\mathcal{H}(0.478) = 0.998603$ $\mathcal{H}(0.479) = 0.998727$

$\mathcal{H}(0.480) = 0.998846$ $\mathcal{H}(0.481) = 0.998958$ $\mathcal{H}(0.482) = 0.999065$ $\mathcal{H}(0.483) = 0.999166$

$\mathcal{H}(0.484) = 0.999261$ $\mathcal{H}(0.485) = 0.999351$ $\mathcal{H}(0.486) = 0.999434$ $\mathcal{H}(0.487) = 0.999512$

$\mathcal{H}(0.488) = 0.999584$ $\mathcal{H}(0.489) = 0.999651$ $\mathcal{H}(0.490) = 0.999711$ $\mathcal{H}(0.491) = 0.999766$

$\mathcal{H}(0.492) = 0.999815$ $\mathcal{H}(0.493) = 0.999859$ $\mathcal{H}(0.494) = 0.999896$ $\mathcal{H}(0.495) = 0.999928$

$\mathcal{H}(0.496) = 0.999954$ $\mathcal{H}(0.497) = 0.999974$ $\mathcal{H}(0.498) = 0.999988$ $\mathcal{H}(0.499) = 0.999997$

$\mathcal{H}(0.500) = 1.000000$

付録 2 素数表（10000 まで）

2,3,5,7,11,13,17,19,23,29,31,37,41,43,47,53,59,61,67,71,73,79,83,89,97,101,
103,107,109,113,127,131,137,139,149,151,157,163,167,173,179,181,191,193,197,
199,211,223,227,229,233,239,241,251,257,263,269,271,277,281,283,293,307,311,
313,317,331,337,347,349,353,359,367,373,379,383,389,397,401,409,419,421,431,
433,439,443,449,457,461,463,467,479,487,491,499,503,509,521,523,541,547,557,
563,569,571,577,587,593,599,601,607,613,617,619,631,641,643,647,653,659,661,
673,677,683,691,701,709,719,727,733,739,743,751,757,761,769,773,787,797,809,
811,821,823,827,829,839,853,857,859,863,877,881,883,887,907,911,919,929,937,
941,947,953,967,971,977,983,991,997,1009,1013,1019,1021,1031,1033,1039,1049,
1051,1061,1063,1069,1087,1091,1093,1097,1103,1109,1117,1123,1129,1151,1153,
1163,1171,1181,1187,1193,1201,1213,1217,1223,1229,1231,1237,1249,1259,1277,
1279,1283,1289,1291,1297,1301,1303,1307,1319,1321,1327,1361,1367,1373,1381,
1399,1409,1423,1427,1429,1433,1439,1447,1451,1453,1459,1471,1481,1483,1487,
1489,1493,1499,1511,1523,1531,1543,1549,1553,1559,1567,1571,1579,1583,1597,
1601,1607,1609,1613,1619,1621,1627,1637,1657,1663,1667,1669,1693,1697,1699,
1709,1721,1723,1733,1741,1747,1753,1759,1777,1783,1787,1789,1801,1811,1823,
1831,1847,1861,1867,1871,1873,1877,1879,1889,1901,1907,1913,1931,1933,1949,
1951,1973,1979,1987,1993,1997,1999,2003,2011,2017,2027,2029,2039,2053,2063,
2069,2081,2083,2087,2089,2099,2111,2113,2129,2131,2137,2141,2143,2153,2161,
2179,2203,2207,2213,2221,2237,2239,2243,2251,2267,2269,2273,2281,2287,2293,
2297,2309,2311,2333,2339,2341,2347,2351,2357,2371,2377,2381,2383,2389,2393,
2399,2411,2417,2423,2437,2441,2447,2459,2467,2473,2477,2503,2521,2531,2539,
2543,2549,2551,2557,2579,2591,2593,2609,2617,2621,2633,2647,2657,2659,2663,
2671,2677,2683,2687,2689,2693,2699,2707,2711,2713,2719,2729,2731,2741,2749,
2753,2767,2777,2789,2791,2797,2801,2803,2819,2833,2837,2843,2851,2857,2861,
2879,2887,2897,2903,2909,2917,2927,2939,2953,2957,2963,2969,2971,2999,3001,
3011,3019,3023,3037,3041,3049,3061,3067,3079,3083,3089,3109,3119,3121,3137,

3163,3167,3169,3181,3187,3191,3203,3209,3217,3221,3229,3251,3253,3257,3259,
3271,3299,3301,3307,3313,3319,3323,3329,3331,3343,3347,3359,3361,3371,3373,
3389,3391,3407,3413,3433,3449,3457,3461,3463,3467,3469,3491,3499,3511,3517,
3527,3529,3533,3539,3541,3547,3557,3559,3571,3581,3583,3593,3607,3613,3617,
3623,3631,3637,3643,3659,3671,3673,3677,3691,3697,3701,3709,3719,3727,3733,
3739,3761,3767,3769,3779,3793,3797,3803,3821,3823,3833,3847,3851,3853,3863,
3877,3881,3889,3907,3911,3917,3919,3923,3929,3931,3943,3947,3967,3989,4001,
4003,4007,4013,4019,4021,4027,4049,4051,4057,4073,4079,4091,4093,4099,4111,
4127,4129,4133,4139,4153,4157,4159,4177,4201,4211,4217,4219,4229,4231,4241,
4243,4253,4259,4261,4271,4273,4283,4289,4297,4327,4337,4339,4349,4357,4363,
4373,4391,4397,4409,4421,4423,4441,4447,4451,4457,4463,4481,4483,4493,4507,
4513,4517,4519,4523,4547,4549,4561,4567,4583,4591,4597,4603,4621,4637,4639,
4643,4649,4651,4657,4663,4673,4679,4691,4703,4721,4723,4729,4733,4751,4759,
4783,4787,4789,4793,4799,4801,4813,4817,4831,4861,4871,4877,4889,4903,4909,
4919,4931,4933,4937,4943,4951,4957,4967,4969,4973,4987,4993,4999,5003,5009,
5011,5021,5023,5039,5051,5059,5077,5081,5087,5099,5101,5107,5113,5119,5147,
5153,5167,5171,5179,5189,5197,5209,5227,5231,5233,5237,5261,5273,5279,5281,
5297,5303,5309,5323,5333,5347,5351,5381,5387,5393,5399,5407,5413,5417,5419,
5431,5437,5441,5443,5449,5471,5477,5479,5483,5501,5503,5507,5519,5521,5527,
5531,5557,5563,5569,5573,5581,5591,5623,5639,5641,5647,5651,5653,5657,5659,
5669,5683,5689,5693,5701,5711,5717,5737,5741,5743,5749,5779,5783,5791,5801,
5807,5813,5821,5827,5839,5843,5849,5851,5857,5861,5867,5869,5879,5881,5897,
5903,5923,5927,5939,5953,5981,5987,6007,6011,6029,6037,6043,6047,6053,6067,
6073,6079,6089,6091,6101,6113,6121,6131,6133,6143,6151,6163,6173,6197,6199,
6203,6211,6217,6221,6229,6247,6257,6263,6269,6271,6277,6287,6299,6301,6311,
6317,6323,6329,6337,6343,6353,6359,6361,6367,6373,6379,6389,6397,6421,6427,
6449,6451,6469,6473,6481,6491,6521,6529,6547,6551,6553,6563,6569,6571,6577,
6581,6599,6607,6619,6637,6653,6659,6661,6673,6679,6689,6691,6701,6703,6709,
6719,6733,6737,6761,6763,6779,6781,6791,6793,6803,6823,6827,6829,6833,6841,
6857,6863,6869,6871,6883,6899,6907,6911,6917,6947,6949,6959,6961,6967,6971,

6977,6983,6991,6997,7001,7013,7019,7027,7039,7043,7057,7069,7079,7103,7109,
7121,7127,7129,7151,7159,7177,7187,7193,7207,7211,7213,7219,7229,7237,7243,
7247,7253,7283,7297,7307,7309,7321,7331,7333,7349,7351,7369,7393,7411,7417,
7433,7451,7457,7459,7477,7481,7487,7489,7499,7507,7517,7523,7529,7537,7541,
7547,7549,7559,7561,7573,7577,7583,7589,7591,7603,7607,7621,7639,7643,7649,
7669,7673,7681,7687,7691,7699,7703,7717,7723,7727,7741,7753,7757,7759,7789,
7793,7817,7823,7829,7841,7853,7867,7873,7877,7879,7883,7901,7907,7919,7927,
7933,7937,7949,7951,7963,7993,8009,8011,8017,8039,8053,8059,8069,8081,8087,
8089,8093,8101,8111,8117,8123,8147,8161,8167,8171,8179,8191,8209,8219,8221,
8231,8233,8237,8243,8263,8269,8273,8287,8291,8293,8297,8311,8317,8329,8353,
8363,8369,8377,8387,8389,8419,8423,8429,8431,8443,8447,8461,8467,8501,8513,
8521,8527,8537,8539,8543,8563,8573,8581,8597,8599,8609,8623,8627,8629,8641,
8647,8663,8669,8677,8681,8689,8693,8699,8707,8713,8719,8731,8737,8741,8747,
8753,8761,8779,8783,8803,8807,8819,8821,8831,8837,8839,8849,8861,8863,8867,
8887,8893,8923,8929,8933,8941,8951,8963,8969,8971,8999,9001,9007,9011,9013,
9029,9041,9043,9049,9059,9067,9091,9103,9109,9127,9133,9137,9151,9157,9161,
9173,9181,9187,9199,9203,9209,9221,9227,9239,9241,9257,9277,9281,9283,9293,
9311,9319,9323,9337,9341,9343,9349,9371,9377,9391,9397,9403,9413,9419,9421,
9431,9433,9437,9439,9461,9463,9467,9473,9479,9491,9497,9511,9521,9533,9539,
9547,9551,9587,9601,9613,9619,9623,9629,9631,9643,9649,9661,9677,9679,9689,
9697,9719,9721,9733,9739,9743,9749,9769,9769,9781,9787,9791,9803,9811,9817,
9829,9833,9839,9851,9857,9859,9871,9883,9887,9901,9907,9923,9929,9931,9941,
9949,9967,9973

参考文献

　本書の執筆にあたり，主に以下の文献を参照させていただきました（和文のみ）．また，演習問題などの作成に関して多くを参考にさせていただきました．ここに記して感謝の意とします．本書の読者諸氏でさらに高度な情報理論の勉学を目指す方は，これらの中の A 群の情報理論の専門書を参照され，さらにもっと深い勉学を希望される方は，それらの文献の巻末にあげられている和文や英文の専門の著書や論文なりを読まれるのがよいと思います．

A 群（情報理論関連の専門書）

[1] 笠原芳郎：“情報理論と通信方式”，共立出版，1965.
[2] L. ブリルアン 著，佐藤 洋 訳：“科学と情報理論”，みすず書房，1969.
[3] 田中幸吉：“情報工学”，朝倉書店，1969.
[4] 有本 卓：“情報理論”，共立出版，1976.
[5] N. アブラムソン 著，宮川 洋 訳：“情報理論入門”，好学社，1969.
[6] 小沢一雅：“情報理論の基礎（第 2 版）”，オーム社，2019.
[7] 坂井利之：“情報基礎学—通信と処理の基礎工学—”，コロナ社，1982.
[8] 宮川 洋，原島 博，今井秀樹：“情報と符号の理論”，岩波書店，1982.
[9] 今井秀樹：“情報理論（改訂 2 版）”，オーム社，2019.
[10] 橋本 清：“情報・符号理論入門”，森北出版，1984.
[11] 南 敏：“情報理論（第 2 版）”，産業図書，1993.
[12] 嵩 忠雄：“情報と符号の理論入門”，昭晃堂，1989.
[13] 堀部安一：“情報エントロピー論（第 2 版）”，森北出版，1997.
[14] 加藤正隆：“基礎暗号学 I，II”，サイエンス社，1989.
[15] 松井甲子雄：“コンピュータによる暗号解読法入門”，森北出版，1990.
[16] 大石進一：“例にもとづく情報理論入門”，講談社，1993.
[17] 中村義作，村尾 洋，阿邊惠一：“情報と通信の理論”，丸善，1995.
[18] テレビジョン学会 編，江藤良純，金子敏信 監修：“誤り訂正符号とその応用”，オーム社，1996.
[19] 澤田秀樹：“暗号理論と代数学（第 4 版）”，海文堂出版，2005.

B 群（その他）

[20] M. フィスター 著，尾崎 弘 訳：“ディジタル計算機の論理設計”，朝倉書店，1960.
[21] 矢野健太郎 編：“数学小辞典（第 2 版増補）”，共立出版，2017.

[22] I. トドハンター 原著，安藤洋美 訳："確率論史（新装版）"，現代数学社，2017.

[23] 一松 信："新数学事典（改訂増補）"，大阪書籍，1991.

[24] 伊理正夫 編："数と式と文の処理"，岩波書店，1981.

[25] 仮谷太一："統計と確率 なるほどゼミナール"，日本実業出版社，1983.

[26] D. アボット："世界科学者事典 No.5 数学者"，原書房，1987.

[27] 情報システムハンドブック編集委員会 編："情報システムハンドブック"，培風館，1989.

[28] 三井田惇郎，浮貝雅裕，須田宇宙："情報工学概論（第 2 版）"，森北出版，2002.

[29] 広中平祐 編集委員会代表："現代 数理科学事典（第 2 版）"，丸善，2009.

[30] 小川秀夫，辰巳昭治："情報科学概論"，近代科学社，1991.

[31] 電子情報通信学会 編："ディジタル信号処理ハンドブック"，オーム社，1993.

[32] 手塚慶一 編著："電子計算機基礎論（第 3 版）"，昭晃堂，1993.

[33] 吉田 武："素数夜曲"，東海大学出版会，2012.

[34] 新村秀一："パソコンによるデータ解析"，講談社，1995.

[35] 吉永良正："「複雑系」とは何か"，講談社，1996.

[36] 大島邦夫，堀本勝久："2011-'12 最新パソコン・IT 用語事典"，技術評論社，2011.

[37] 宮部二朗："天気予報の適中率の謎"，Open Sesame, Vol.10, pp.1-3, 日本電気（株），1997.

索 引

〈著者略歴〉

塩野　充（しおの　みつる）

岡山理科大学名誉教授
1981 年　大阪大学 大学院工学研究科 博士課程修了
1988 年　岡山理科大学 教授

蜷川　繁（にながわ　しげる）

金沢工業大学 工学部 教授
1998 年　富山大学 大学院工学研究科 博士後期課程修了，博士（工学）
1998 年　明星大学 研究助手
1999 年　金沢工業大学 講師
2010 年より現職
2013〜2014 年　University of the West of England 客員研究員
主な専門分野は複雑系，人工生命，自然計算

わかりやすい
ディジタル情報理論（改訂 2 版）

1998 年 4 月 5 日　　第 1 版第 1 刷発行
2021 年 6 月 20 日　　改訂 2 版第 1 刷発行
2024 年 1 月 10 日　　改訂 2 版第 3 刷発行

著　　者　塩野　充
　　　　　蜷川　繁
発 行 者　村 上 和 夫
発 行 所　株式会社 オーム社
　　　　　郵便番号　101-8460
　　　　　東京都千代田区神田錦町 3-1
　　　　　電話　03(3233)0641(代表)
　　　　　URL　https://www.ohmsha.co.jp/

© 塩野　充・蜷川　繁 2021

印刷・製本　壮光舎印刷
ISBN978-4-274-22723-3　Printed in Japan

本書の感想募集 https://www.ohmsha.co.jp/kansou/
本書をお読みになった感想を上記サイトまでお寄せください．
お寄せいただいた方には，抽選でプレゼントを差し上げます．